ホログラム・マインド Ⅰ

宇宙意識で生きる地球人のためのスピリチュアルガイド

アセンション・ガイド
グレゴリー・サリバン
Gregory Sullivan

KIRASIENNE

もくじ

chapter 1

イントロダクション

chapter 2

ETが地球上で果たしている役割とは

chapter 3

ETコンタクティ、そしてアセンションガイドへの導き

Chapter 4

エネルギー的なジャングル

chapter 5

セルフマスタリーとクリアリング

chapter 6

ETコンタクトによるヒーリングとインボケーション

chapter 7

ETコンタクトとアセンション

Chapter

1

イントロダクション

プロローグ――この本を手に取ったみなさんへ

私が今、このタイミングで本を出すのは、みなさんに宇宙からの大切なメッセージをお伝えするためです。私の元にはＥＴからみなさんへの様々なメッセージが届けられています。

地球が大きな変革期を迎えている現在、我々は一日も早く自分たちの生き方をこの地球に生まれついた目的に沿ったものへと変えていかなければなりません。そのために欠かせないのが、「ホログラムワーク」という人間が多次元存在として生きていくためのプログラムであり、宇宙がみなさんに求めていることは、地球に生きている全ての人々が、宇宙から受け取った叡智を実生活で活かしていくことなのです。

実はこれまで宇宙に関する情報は、政府機関や軍などの国家機関が独占している状態で、一般人に公開されることはほとんどありませんでした。本来は人類の発展のためには宇宙から得た知識が無くてはならないものでしたが、みなさんがその情報にフリーアクセスできるどころか、闇の勢力が社会に必要な情報ほど隠ぺいしてきたという歴史背景がありました。

ですが、これからは、誰もが宇宙の真実を直視していかなければなりません。近年では、宇宙船についての確かな裏付け情報が、映画『シリウス』を制作したアメリカのスティーブン・グリア博士などの先鋭的なＥＴコンタクティたちによって、広くディスクロージャー（情報公開）されるようになり、私たちのように第二世代と呼ばれるＥＴコンタクティが出現するムーブメントが起こりました。この映画『シリウス』は、日本での「第三次ＵＦＯブーム」が起こるきっかけになった作品でもあります。

それらの動きの結果、これまでは特別なシチュエーションだけで行われていたETとのコンタクトワークも、その方法が明確にプログラム化されるようになり、一般人でも容易にチャレンジできるものへと変わっていきました。そして、ついに誰もが未知なる宇宙存在とコミュニケーションを取っていく時代が訪れたのです。

本書でお伝えしていく《ホログラム・マインド》とは、三次元の世界に生きている人が、普段から持っている制限的な意識状態ではなく、〝宇宙に不可能はない〟という広範囲的な意識状態のことをいいます。宇宙にいるETたちは、毎日そのような意識状態で暮らしていることになりますが、本書では、みなさんが三次元の地球に住みながら《ホログラム・マインド》を持って生きていくために必要な「アイデア」をお伝えします。

なお、《ホログラム・マインド》に関する知識には、まるで一つの円のようにはじまりと終わりが存在しません。ですから、あなたがこの本を読んで、今はまだ分からない点が多くあっても、ここで学んだ知識が後の人生で役立つ時がやって来るのです。

本書では、みなさんが自分自身の周りを囲んでいるエネルギーフィールドの主体者となって、意識的に人生をコントロールしていくための「セルフマスタリー（自己を高めること）」のアイデアや、クリアリングのためのエクササイズなど、誰にでも今日から実践できるテクニックを盛り込んでいます。

この私、グレゴリー・サリバンが、みなさんをしっかりとナビゲートしていきますから、この大きな変革期を、地球人全員が乗り越えて自分らしい生き方をしていけるように、宇宙とのつながりを取り戻していきましょう。

スターシードの役割――パート1

宇宙的な存在は、実はみなさんのごく身近のところにも存在しています。この地球には、インディゴチルドレンやレインボーチルドレンのように、惑星に転生してきた時から特別なミッションを持っている人々がたくさんいるのです。私のホログラムワークでは、そのようなタイプの人を総称して「スターシード」と呼んでいますが、彼らは人類が一丸となって、この惑星でひとつの大きなテーマを成し遂げていくためのプロセスをサポートするために派遣されてきた宇宙魂です。

ですが、スターシードが地球に生まれてきた時には、自分が宇宙との間に交わしたミッションについての記憶をほとんど失っています。そのため、ある時にふと自分の契約内容について思い出すと、その任務があまりに大きすぎるために驚いてしまうことがあります。

これは地球に生まれてきたスターシードの一員として、私自身の体験からも言えることですが、彼らが生まれる前に契約した《魂のミッション》というのは、地球の生活では他の物事よりも優先されてしまう傾向があります。そのために一部のスターシードたちは、「なぜいつも自分の思い通りに物事が進まないのだろう」というジレンマを抱えているのです。

また、スターシードが担っている役割について、まだ理解者が少なかった昭和時代には、彼らが自分のミッションを思い出しても、それを果たしていく中で誰からも賛同を得ることができずに、悲観して自ら命を落としてしまうこともありました。

スターシードの人生に困難がある場合には、その大半は、〝後にやって来るチャンスを活かすことができるから〟というポジティブな理由があります。ですから、みなさんの人生が思い通りに進まなくても、「これも宇宙のサポートの一つだ」と、あなたが宇宙に対して信頼感を持つことが必要です。その信念は、やがてあなたが人生でいいタイミングを見つけた時に、その波に上手く乗っていくことにもつながります。

私の知り合いの中にも、宇宙的なミッションを持って転生してきたスターシードがたくさんいますが、最近では特に、一般企業に勤めている「覆面ライトワーカー」と知り合いになる機会が増えてきました。

覆面ライトワーカーというのは、たとえば職場などでは、他の会社員と同じように仕事をしながら、周りの人には気付かれないように意識的な影響を与えているスターシードのことをいいます。たとえ、その本人が、「自分はスターシード」だという事実に気付いていなくても、彼らには、ただその場所にいるだけで周囲を高次元エネルギーと調和させていくような力が生まれつき備わっているのです。

そのため、軍や警察内部などでも現行システムを改革するために、宇宙からスターシードがわざと派遣されていることがあります。このように現在の宇宙では、地球社会を内部から変容させていこうというムーブメントが起こり始めています。

スターシードの役割――パート2

スターシードについては、過去に実験や研究などが行われたこともありましたが、その中で使われてきた手法といえば、退行催眠や前世リーディングが主なものでした。

　たとえば、退行催眠を使った研究では、スターシードが地球に生まれる前の記憶をどんどん遡っていくというような作業が行われていました。その実験結果によると、スターシードの中にも、「インディゴチルドレン」や「ウォークイン」などのタイプが混在していることが分かりました。彼らはいずれも、社会の内部から宇宙的な変容をもたらしていくというミッションを持って生まれてきた人々になります。

　スターシードの役割については、私以外にも過去に語っている人が何人かいて、その中でも、〝催眠療法のパイオニア〟と呼ばれているドロレス・キャノン女史が著書の中で語っていた「ボランティア魂」という言葉が、私はスターシードの役割について的確に表現している言葉だと感じました。なぜなら、スターシードは地球に生まれる前に、宇宙とある取り決めをしていますが、転生後にはそのミッションをボランティア的に果たしていくことが定められているからです。

次に、スターシードのタイプについてみなさんに代表的な例をお伝えしておきましょう。

・《インディゴチルドレン》……1970年代以降に、他の星から地球に転生してきたインディゴブルーのオーラを持つ魂。他人より高い意識状態にあり、現行の役立たない社会システムを崩壊させていくという使命を持っている。

・《クリスタルチルドレン》……インディゴチルドレンの次世代的スターシードで、多くは過去生を持たずにピュアな瞳が特徴。生まれ

つき高いテレパシー能力を持ち、インディゴ世代が切り開いた道を地ならししていく役割を果たす。

・《レインボーチルドレン》……クリスタルチルドレンを親に持ち、地球に生まれた時点ですでに霊的な悟りを開いている人。前世代で起きた変革に対して愛と光で調和をもたらしていく役割を持っている。

・《パストカッター》……地球人のリーダー的存在。ジャングルを開拓していく冒険家のような宇宙魂を持ち、地球で未知の領域を切り開いていく役目を果たしている。

・《プロトタイパー》……宇宙システムの中でも、特にメディカル分野で才能を発揮するタイプ。病気を現代医療で治療するのではなく、人体のテンプレート（元型）から根本的な修正をかけていく能力がある。

・《ワンダラー》……元々は地球人でない魂が、宇宙で数々の惑星をさまよい歩いてきて、ようやく地球人として転生してきた。人々が、アセンションを体験していくプロセスの中で意識変革をサポートする役目を担っている。

・《ウォークイン》……事故や病気などで肉体を離れた魂と霊的契約を結び、代わりに高度に進化した宇宙魂が肉体に宿るようになった人々のこと。人類進化のサポートのために今世では地球にやって来ている。

ここでは7種類の例を挙げましたが、みなさんは自分に当てはまるタイプはありましたか？

私は、複数の役目を持っているハイブリッドタイプです。日本に来てからは、ワンダラーとしてまるで旅芸人のように各地を回らされて、最初の頃には苦労しましたが、私がその時期に経験したことは、後に日本で「JCETI《ジェイセッティ》」という団体を立ち上げて、全国でセミナーを開催するために大いに役立てることができました。ですから、スターシードがある時期に体験している困難とは、地球でミッションを達成するためには欠かせないプロセスだといえます。

また、私の知り合いには一箇所にずっと留まりながら、その場のエネルギーを安定させていくという役目を持っている女性がいます。彼女は、地震が起きる前のエネルギーなどを敏感に察知する能力を持っていますので、その土地のエネルギーを鎮めるための〝アンカー役〟として、宇宙からわざと特定の場所に留められているのでしょう。

その他にも、宇宙的な成長を体験するためのコミュニティを作って、人々をサポートしていく空間保持の使命を持っているスターシードなどがいます。ここで私が例に挙げたスターシードたちは、いずれも地球人の目覚めをサポートしていくという役割を果たしてくれています。

一方、スターシードの抱えているリスクは、スターシードが地球に生まれついた後に自分の魂のミッションを思い出せるかといえば、必ずしもそうとは限らないということです。彼らが地球に転生してくる前には、それがどんなに大変なミッションでもやり遂げようと決意していますが、いざ地球に転生した頃にはその記憶をほとんど失っています。

ですから、この本を読んでいるみなさんも、今はただ過去の記憶を失っているだけで、遠い宇宙に魂のルーツを持っているスターシードである可能性があります。もし、あなたがその記憶を思い出したければ、夜眠る前に「宇宙とのつながりを取り戻せますように」と、夜空に向けてメッセージを発信してみるといいでしょう。

私が、ニューエイジ的なスピリチュアルの教えを学ぶようになってから、まだそれほど長い期間は経っていません。ですが、ETによるバックアップは、思い返してみると子供時代から繰り返し体験してきました。そのため、私は自分でスターシードだと気付くよりも前から、目には見えない宇宙の力によって魂のミッション通りに生かされてきていることが分かります。

この本では、自分が持っている魂のミッションについて、まだ思い出していないみなさんのために、スターシードの役割などについてさらに詳しく説明していきます。だからぜひ、みなさんは本書を通じて、自分が地球に生まれついた理由が何であったのかを今一度思い返してみてください。

ホログラムワークとは

ホログラムとは、レーザー光線を使って壁などに映し出している立体画像のことです。私が主宰しているＪＣＥＴＩのセミナーでは、参加者のみなさんに「ホログラムワーク」という名称の室内プログラムについて教えています。

なぜ、私が自分のワークに「ホログラム」と名付けたのかといえば、それは、私たちが今ここで体験している現実こそが、自らの意識を投映して動かしているホログラム映像のようなものだからです。

最近では、クレジットカードの偽造防止のために、ＩＣチップにホログラムが組み込まれていることがあります。また、ハリウッド映画の世界でも、３Ｄホログラムの技術を使った映像などが見られるようになりました。

ホログラムとは、夢やまぼろしのようなものでもありますが、私がみなさんにお伝えしたいのは、〝この現実は空想だ〟ということではなくて、地球に生きている人間は、ホログラムの現実を意のままにコントロールしていけるという事実になります。

ホログラムワークとは、人が地球でＥＴとコンタクトを取る上では欠かすことができないテクニックです。また、本書を読んでいるみなさんは、このワークを三次元での生活に取り入れ、快適に過ごしていくためにも役立てることができます。私は、これからホログラムワークにまつわる多くのアイデアをご紹介していきますが、その中には、みなさんがこれまで常識だと思っていた事実が、根本からひっくり返ってしまうようなヒントも多く隠されているのです。

読者のみなさんには、過去にＥＴコンタクトを体験したことがあり、すでに成功している人も多くいるでしょう。ですが、あなたがこれまでの体験に満足していても、そこで学びを終了せずに新しい知識を探し求めていくべきです。

今の世の中に出回っている宇宙情報は、まるで南極大陸のように探検隊が氷上にキャンプを張って見つけてきたものです。そして現在も、探検隊は土地開拓のために探究を続けていますが、その先には、まだ誰も足を踏み入れたことのない未開拓の土地も果てしなく広がっています。

ホログラムワークには、まさに今地球のみなさんが体験しているアセンションと深い関わりがある内容が盛り込まれているのです。そのワークの中には、アセンションについての正しい知識やエクササイズなどがあり、みなさんの肉体と意識を通じて高次元宇宙を三次元でも体現していけるようなプログラムになります。

高次元宇宙が、次にアセンションを起こす舞台として選んだ場所は、みなさんの立っている地球という惑星です。この変革の時代を乗り越えていくために、私たちに必要な情報はあまり伝えられてきませんでしたが、そこにようやく登場してきたのが、このホログラムワークという人類の次元上昇のためのサポートシステムになります。

チャネリングとETコンタクトの違い

みなさんが普段肉眼で見ているのは三次元の世界です。私がETコンタクトを行う際には、七次元から九次元付近にいるETと交信していますが、その先にはさらに、十次元や十一次元の高次元宇宙も存在しています。ただし、現在の地球人の意識レベルでは、その次元にまでアクセスしていくのは難しいでしょう。

スピリチュアル業界では「チャネリング」という手法を用いて、高次元の宇宙存在からダイレクトにメッセージを受け取っている人々がいます。これは、業界ではメジャーな方法として認知されていますが、私自身は、世の中に出回っているチャネリング情報をあまり信用していません。

なぜなら、チャネリングを行っている人の多くは、五次元以上の高次元宇宙ではなくて、人間界の方に近い「四次元アストラル」にアクセスして情報を受け取っているからです。この四次元アストラルにある波動というのは、三次元のものと性質がよく似ていますから、一般人でもほんの少しトレーニングを積めばアクセスできるようになるという特徴があります。ですから、チャネリングをしている本人ですら気付かないうちに、低次元のアストラル界にアクセスしてしまい、そこで受け取った情報が真実ではなかったということが頻繁に起きています。

現在、世間に出回っているチャネリング情報の中には、〝未来の地球がどうなるのか〟という予測的なものが多く見られます。ですが、マヤ暦が終了した2012年12月の時点では、その時の地球に何が起きるかについて、正確に言い当てていたチャネリング情報はほとんどありませんでした。

また、チャネリング情報の中には、今現在、みなさんが地球で体験しているアセンションについて言及しているものは多くありません。ですから、やはりこれらの情報は、南極で探検隊が探し当てた土地の一部に過ぎないのでしょう。

そこでみなさんも、他人が受け取った情報について簡単に信用するのではなく、〝これは数ある意見のうちの一つだ〟という程度で気楽に受け止めておけばいいのです。宇宙の真実としては、あなたが他人から口伝えに聞いた情報よりも、自分自身が宇宙とつながりを持って入手していく情報の方に高い信憑性があります。

また、宇宙からのメッセージには、人が意識を通じて受け取っていくようなイメージがありますが、みなさんが住んでいる三次元では、ETが何らかの「視覚情報」を通じて人々にメッセージを送っているパターンが多く見られます。たとえば、あなたが偶然目にしたトラックの文字や路上の看板のように、ETは日常的な現象をコントロールしながら、人々に分かりやすいメッセージを送っています。

私が、この本の打合せのために出版社へ行った初日にも、ETから面白いメッセージが入ってきました。お店の前で立ち止まって足下を見ると、そこにはたくさんの六芒星のマークがずらりと並んでいたのです（写真参照）。

六芒星とは、この本の最後に紹介する「十二次元シールド」のエクササイズの中で、みなさんの頭の中に思い浮かべてもらう大切なシンボルになります。ETは、この本で取り上げるべきテーマの一つに六芒星があるのだと、私に視覚を通して予め伝えておきたかったのでしょう。宇宙では、そのように一見すると偶然に見えるような形で、三次元の人々にメッセージを送ってきています。

ですが、残念なことに、現在はほとんどの地球人が宇宙からのメッセージを正しく受け取ることができていない状態です。そこで、みなさんが、「共時性」というシンクロニシティを意識して、ETのサインを読み取るようになれば、

出版社へ行く途中に著者が偶然足元に見つけた六芒星。宇宙にいるETは、日常のシンクロニシティを通じて人々にメッセージを送ってきている。

その時点から三次元で起きている現象の捉え方がガラリと変化してきます。

また、あなたが普段体験しているシンクロニシティの中でも、特に似たような現象が繰り返し起きている場合には、〝これこそが宇宙が本当に自分に伝えたいメッセージなのだ〟と理解していいでしょう。物事が繰り返し起きる「再現性」とは、宇宙があなたに示してくれる分かりやすいサインの一つになります。

闇と光のバランスを取る

スピリチュアリティの探求においては、闇の権力による陰謀論をきっかけに意識の目覚めを体験していく人も多くいますが、人間のエネルギーというのは、本来意識のアンテナが向いている方向に進んでいきますから、あなたが日常で陰謀論にばかり気を取られてしまうのはいいことではありません。また、いつもそのようにネガティブなものに心を奪われてしまえば、その中にあるマイナスエネルギーをさらに増長させてしまうことにもなります。

一方、ニューエイジ的な思想では、「ダークサイドには目を向けずに、愛や光だけを見つめていきましょう」という考え方がメジャーになっています。

もちろん、みなさんがこの世界に生きていて、ポジティブな方向に目を向けていくというのは大事なことですが、私には、三次元にいながら「愛と光だけしか見なくていい」という教えにも限界があるよう感じられます。現実的な視点で捉えれば、陰と陽のどちらか一方に偏るのではなくて、両者の存在を認めてバランスを取っていくのがいいといえるでしょう。また、この本でお伝えしているアセンションの最終ゴールとは、みなさんが二元性そのものを超越していくことになります。

宇宙には、「ロー・オブ・ワン」《一なるものの法則》というルールがありますが、これは宇宙にある全惑星が従っていくべき規則だといえます。この法則は、広い宇宙を秩序づけるためのベースとして作られたものであり、みなさんも、今後はこのルールに基づきながら地球でのアセンションを体現していくことになります。

また、広い宇宙には、あまり良くない波動を持った四次元の低級存在もいますから、みなさんが気付かないうちに、それらの存在から日常的なコントロールを受けてしまっていることがあります。そのため、私のホログラムワークでは、低次元の四次元アストラルを迂回し、人類に友好的な五次元以上のETと交信する方法について教えています。

ですが、そのせいで私は、自分の活動を不都合だと考えている闇の勢力側から妨害を受けてしまうことがあります。また、その妨害が低級存在だけではなくて政府機関や軍によっても行われることもあります。

ただし、私はこのような話をして、みなさんの恐怖心をいたずらに煽りたいわけではありません。そうではなく、人間の意識に対して何者かが意図的なコントロールをしているのを知らないまま、無防備にやり過ごしてしまうのがいちばん危険だということを、みなさんにお伝えしていきたいのです。

今後、地球人がアセンションを体験していくプロセスにおいて、みなさんにとって未知の情報が宇宙から不意にダウンロードされてくる機会も大いに増えていくことでしょう。あなたがその情報を正しく受け取って三次元での生活に活かしていくためには、高次元宇宙とのつながりこそが、この世界のリアリティを唯一伝えてくれる情報源なのだと、宇宙への信頼性を高めていくことが重要になります。

私は、子供時代から自分にある種のサイキック能力があるのを知っていましたが、大人になって宇宙からの情報ダウンロードが始まると、その期間中には、まるでプールの底につき落とされたように深い衝撃を受けてしまいました。また、当時の私に宇宙から提示されたこの世の真実とは、これまでに自分が三次元で教わってきた常識概念とは、驚くほどにかけ離れているものでした。

すでに宇宙との親交を深めているスターシードのみなさんは、これまでに地球で学んできた常識概念には捉われずに、ただ宇宙が伝えている真実をありのままに受け止めていけばいいでしょう。高次元宇宙とのつながりを持つことは、本来なら誰でも潜在的な能力で達成していけることなのです。

地球上で宇宙的な社会を実現する

ただひとことで「宇宙的な社会」と言っても、それを明確に頭の中でイメージできる人は少ないと思います。現在の地球では、一見すると文明が発展していますが、高次元宇宙ではそれよりもはるかに進んだ「高次元テクノロジー」というものが存在しています。

もし、人類がこの地球上で宇宙的な社会を実現していこうとするなら、まずはエネルギー資源を、石油や石炭などから宇宙船に使われているフリーエネルギーに切り替えていかなければなりません。

このフリーエネルギーというのは、エジソンと同時代の発明家であるニコラ・テスラによって、地球でも百年以上前に発見されていました。テスラは、地球内部に存在している電気振動と共振させることにより、莫大なエネルギーをタダ同然で、しかも永続的に世界中に配給できるという事実に気付いていました。しかし、当時はエネルギー供給を独占している企業の策略によって、意図的にそのアイデアが封印されてしまいました。

このような情報の隠ぺいは、何も地球社会の一部だけで起きていることではありません。私たちの社会では学校教育や企業などでも、闇の権力による情報操作が日常的に行われています。たとえ、それがひとりの人間だけを洗脳していくようなコントロールであっても、いつしか社会全体までもが動かされていくことにその恐怖が隠されています。

もし、テスラの時代に人々がフリーエネルギーについての真実を共有していれば、現在の私たちはもっと豊かな社会の中に暮らしていたはずです。ですが、時の権力者の横暴のために、人類に有益な情報ほど隠されてきたという闇の歴史が、地球上では長らく続いてきました。

私たちの社会が、今のように一部の権力者によって情報操作されている要因のひとつには、お金が中心にあって動かされている社会システムの存在があります。人の生活基盤にはお金が無くてはならないものだという常識概念があるために、地球人はまるで借金奴隷のようにあくせくと働かされていますが、そんな光景を、ETたちは宇宙から不思議そうに眺めているのです。

宇宙には、元から金銭によって経済を動かしていくという概念が無く、また病気や戦争などの混乱もありません。とはいえ、〝宇宙は自由な場所だから、何をしても許されます〟という考え方でもなくて、宇宙に生きているETたちもあるルールに従って動いています。

そのルールの一つに、クリーンエネルギーを利用して、自分たちが住んでいる惑星を永遠に美しい環境に保っていくというものがあります。これは、本来なら地球に暮らしている我々も当然のように守らなくてはならない基本ルールですが、現在の地球では残念ながらそれが守られているとはいえません。
また、これから先の地球社会では、人が精神的にも豊かに人生を生きていく「宇宙的ライフスタイル」の実現が望まれています。宇宙には、どんな時でも他者に対する思いやりとサポート精神が見られますが、そのおかげで豊かさが巡りめぐって、結局は自分の元に返ってくるというシステムが当たり前に機能しています。

現在の地球社会では、どちらかといえば「いい人が損をする」と思われている傾向がありますが、宇宙の法則に鑑みれば、実はこの概念自体が間違いだったということが言えます。ですから、地球がその誤りを正して、元の方角にコンパスを合わせることができれば、私たちの社会も宇宙の法則どおりの「いい人が得をする社会」に戻っていくことでしょう。

現在では、地軸の傾きも23・4度から元の直立位置に戻ろうとしています。地球の地軸はアトランティスの時代から斜めになっていましたが、私がETから受け取った情報によると、これも本来なら真っ直ぐであるべきだということでした。

この地球で宇宙的な社会が実現できたあかつきには、全人類がいまより安全でもっと幸福な未来を迎えることができるでしょう。

Chapter

2

ETが地球上で果たしている役割とは

宇宙のギャラクティック・ヒストリー

第二章では、ＥＴが地球上で果たしている役割に関して、みなさんに色々と役立つ知識をお伝えしていきましょう。

まずは、ＥＴがどんな外見をしているかということについては、不思議に思っている人が多いことでしょう。彼らは見た目には東洋人の顔立ちが多く、両手両足があり、外見上はみなさんとほぼ変わりありません。みなさんの中には、ＥＴがアメーバのような生物だと想像している人もいるでしょうが、ＥＴが人間より高度な知性を持った生命体であることは確かな情報なのです。

私たちが銀河の歴史を探求していくと、シュメール文明に登場するアヌンナキのような神話と伝説上の存在に行き着きます。彼らは、天の川銀河系のシリウスやプレアデスからはるばる地球に訪れてきた銀河ファミリーの一員ですが、本の中ではあくまで「空想上の生き物」として描かれています。ですが、実際にはその実在がまだ公表されていないだけで、ある分野においては科学レベルでもすでに存在が立証されているのです。

この地球は、広い宇宙のギャラクティック・ヒストリーの中でも、目立ってドラマチックな道のりを歩んできた惑星だといえます。なぜなら、地球文明をいつでもサポートしている存在がいる一方で、それとは対照的に人類を不本意な形でリードしたいと考えている低級存在がいたからです。

現在の地球では、両者の間で人が何とか生かされているような状態にありますが、将来的には、私たちが自力で方向転換してこの状況を乗り越えていかなければなりません。

現在、地球上で人類の味方となってアセンション・プログラムをサポートしてくれているETたちの多くは、地球と同じ天の川銀河系に属していて、何千年も昔から私たちのプロジェクトに関与してくれています。ですから、人類にとってのETとは、遺伝子レベルでも深いつながりのある「ご先祖様」にあたります。

また、彼らがどんな目的を持って地球にやって来ているかといえば、ただ宇宙船に乗って地上をグルグルと旋回するために訪れているのではありません。ETたちも時々は地上に降り立ち、みなさんの目には見えない異空間の中で特定の任務を果たしてくれています。

その役割の一つというのが、この地上に生まれてきたスターシードのサポートを行っていくことです。ETたちは、それぞれのスターシードが抱えているミッションを成功させるために、彼らに必要な情報を与えたり、他人との出会いをセッティングしたりと、私たちが自分にサポートが入っているとは気付かないような形で導いてくれています。また、私がみなさんにお伝えしている情報は、これまでにJCETIとして歩んできた5年以上の活動記録と、ETとの個人的なコンタクト体験を通じてまとめてきたものになります。

私たちの母なる地球のルーツは、多くのETにとっての生まれ故郷である天の川銀河系にあります。ですから、みなさんは自らの意識レベルを、少なくとも銀河の領域にまで拡大していくことが求められるでしょう。そして、さらにETが地球人に期待しているゴールとは、大人も子供も地球にいる全員がアセンションを果たしていくことなのです。

ETガイドとスターファミリー

この本でお伝えしていく「ETガイド」とは、地球上で人を日常的にサポートしてくれている宇宙存在のことです。みなさんを普段から見守っているETガイドは、この宇宙にただひとりだけしかいないわけでなく、スターシードの中には、数百、数千というガイドのサポートを必要としている壮大なミッションを抱えている人々がいます。

また、みなさんにとっては家族や親戚のように縁があるETガイドのチームのことを、ホログラムワークでは、「スターファミリー」といいます。一方、宇宙にいるスターファミリー以外にも、あなたがこれまでに地球で出会ってきた友人やパートナーのように、人生を共に歩んでいく人間同士のサポートファミリーというものが存在しています。

このサポートファミリーとみなさんとは、地球に転生してくる以前から、〝お互いの魂のミッションをクリアするために、今世ではサポートし合いましょう〟と、事前に契約のようなものを結んで生まれてきている関係なのです。

また、ETガイドに見られる動きの特徴としては、常に人間より一歩引いたような感じでみなさんのことをいつも遠巻きに観察しています。あなたに友好的なETガイドの場合には、何かを依頼をすると指示通りにアクションを起こしてくれますが、その逆に、ETガイドの方から勝手なアクションを起こして、一方的に物事を押し付けてくることは滅多にありません。なぜなら、宇宙にいるETたちは、基本的には人間の自由意志を尊重しながら行動しているからです。

私たちが住んでいる三次元の世界では、周囲から色々な影響を受けるために、どうしてもスターシードが本来の魂のミッションを進めにくいようなところがあります。そこで、あなたのETガイドが、あなたが地球で行うべきミッションを上手くクリアしていくために、外部から余計な邪魔を入らないように調節してくれています。

私が、自分の日常生活の中でスターファミリーの存在について実感したのは、ニューヨークからオランダへ留学した16歳の時のことでした。

当時の私は、約15名のメンバーでオランダに渡りましたが、現地に到着すると、他のメンバーとはホームステイの行き先によって別々に分かれていきました。オランダは、アメリカと同じ欧米文化圏ですが、それでも他国になりますので、6週間の滞在でホームシックにかかる人も多く出てきました。

ですが、私はその中でもとりわけラッキーな境遇にあった方だといえます。

ホームステイ期間中に、私が滞在していたオランダ南部の町には、同じアメリカでカリフォルニア州出身の少年がひとりいました。私は彼の元へと頻繁に遊びに行き、偶然にも趣味が一致した音楽のことについて楽しく語り合っていました。

また、私と彼が滞在していた家庭では、ホストファミリー同士もすでに知り合いになっていましたから、いつしか家族ぐるみで交流がスタートして、彼らとは、まるでスターファミリーのように親しい関係性を築くことができました。

そして、その滞在中には、ホームステイをアレンジしている企業のスタッフが、学生のためにアウトドア体験などを用意してくれていました。そのサポートのおかげもあって、その時には、私も海外で色々な新しい発見をすることができましたが、今思えばこの時のスタッフの行動も、地球でスターシードをサポートしているＥＴの動きとよく似ていました。

私が日本で立ち上げたＪＣＥＴＩの活動では、全国各地でワークショップを開催しており、そこでは初めて出会う人同士でも、お互いに縁のあるスターファミリーが引き寄せられています。その出会いのタイミングは、人によって様々に異なりますが、私が自分と関わりのある宇宙ファミリーと出会う時にはいつも、「これはどうやら普通の関係とは違うようだな」と直感的に感じ取っています。

また、自分と同じ系統を持っている魂が、いつも同じタイミングで惑星に転生していて、パートナーや友人として再び出会っていることがあります。あるいは、みなさんがある時期に特定の人物と密接な関わりを持っていて、「あのタイミングにこの人がいて良かった」と、後になって気付かされるようなことも頻繁に起きています。

一方で、あなたと密接につながっているスターファミリーが、今世ではたとえ自分の敵役だとしても、そこにはやはり何かの役割や学びがあるために引き合わされているものです。もちろん、他人から憎まれる役目というのは、誰にとっても嬉しいものではありませんが、あなたの会社にいる嫌な上司は、自分が生まれてくる前に契約した魂のミッションを果たすために、ボランティア的にあなたの敵役を引き受けてくれています。

ですから、あなたがどんな人にもミッションがあると理解できれば、〝いつも私をサポートしてくれてありがとう〟と、誰に対しても感謝の心が持てるようになります。

ただし、憎まれ役を引き受けている本人が、まだ自分の魂のミッションを思い出していない場合もありますが、そんな時でも、二人をサポートしているＥＴガイド同士は、お互いの関係性について理解しています。

また、地球に降り立っているＥＴガイドには、高次元の力をコントロールしながら、人体に対するエネルギーワークを専門に行っている、メディカル系のサポートチームも存在しています。そのワークの内容まではこの章では詳しく語りませんが、ＥＴガイドは、実に様々な役割を地球で担っているのだということを認識しておきましょう。

タイムラインの調節

ＥＴガイドによるスターシードのサポートは、主に三次元の世界の時間調節を行うことで実行されています。ＥＴは、みなさんよりも上の次元にいる存在ですから、地球で現実に起きていることを、上から手を加えて容易に修正していくことができます。

このタイムラインの調節の影響を受けて、三次元の現実に何が起きてくるのかといえば、みなさんが体験している物事のタイミングなどが絶妙な具合で変化していきます。それについて一つ例を挙げると、ある時に私の知人が交通渋滞に遭い、約束の時間には遅れてしまいましたが、そのおかげで、彼は将来自分のパートナーとなる女性に巡り会うことができました。このケースでは、彼と運命の女性のタイミングが一致するように、ETによってわざと時間調節が入っていますが、それと同様に、地球では偶然的な出来事を装いながら運命がETによって動かされているのです。

2011年に公開された『アジャストメント』というSF映画では、主人公の運命が異次元存在の力によってコントロールされていく様子が、映画を観ている人にも分かりやすいように描かれています。その映画のワンシーンでは、主人公がバスに乗り遅れるようにするために、わざと異次元存在がコーヒーをこぼすように仕向けて時間調節する場面がありましたが、このようにETが人の目には見えない力を使って、みなさんの運命を思いがけない方向に動かしていくことが現実でも起きています。

あの映画の原作を書いた作家のフィリップ・K・ディック氏は、高次元からの情報を受け取りながら小説のストーリーを書いていたのでしょう。エンターテイメント作品としても面白い作品でしたが、〝異次元力による三次元コントロール〟という難しいテーマを分かりやすく人々に伝えていた点でも、私はとても素晴らしいと感じました。

また、ETガイドはタイムラインの調節以外にも、テレポーテーションなどの能力を自由自在に使いこなすことができます。そのために、ETは三次元の距離や時空さえもコントロールしながら人の未来の方向性を動かしていくのです。

ノストラダムスが予言した人類滅亡の未来が、最終的にはなぜ外れてしまったのかといえば、そこにはある明確な理由がありました。実は、あの予言が行われた後に、その裏側ではＥＴが人類の未来をポジティブな方向へ軌道修正するということが起きていたのです。

三次元に生きているみなさんにとっては、これが現実の話だとはとても信じられないでしょう。私自身も、自分が宇宙に関する情報を入手し始めた頃には、このような形でＥＴのサポートが行われているとは夢にも思いませんでしたから。

ですが、私が様々なシンクロニシティを体験して、高次元からのサポートを実感していくようになると、宇宙と自分の間には、確かに内面的なつながりがあるのだということが理解できるようになりました。

ＥＴは、人類にとっては未知の生命体ですが、魂レベルでは何万光年も昔から精神的に深いつながりで結ばれています。私がＪＣＥＴＩで行っているイベントでは、コンタクトワークの参加者が、夜空にひと際大きく輝いている宇宙船を目撃することがありますが、そんな時に、多くの人に懐かしさが込み上げてくるのは、みなさんが宇宙にいた頃の記憶を思い出しているからなのです。

ライトワーカーのサポート

私が日本に訪れる少し前に、ワーキング・ホリデーでしばらくニュージーランドへランドに滞在していたことがありました。当時の私は、いつも何かに急かされているような感覚があって、〝道路をあとワンブロック走れば間に合うのに、今のままのペースで行けば赤信号に変わって間に合わない〟というようなシーンによく遭遇していました。

そんな時に、私はどちらかといえば走って間に合わせようとするタイプでしたが、その体験を通じて分かったこととといえば、横断歩道を今このタイミングで渡るかどうかで、その後の未来までが変わっていくということでした。

たとえ今はまだみなさんが気付いていないとしても、日常生活の中でそのような調節をＥＴから受けていることは誰にもよくあることです。たとえば日中に眠気に襲われたり、電化製品の調子がおかしくなったりすることがありますが、そのように人の運命はほんの少しの調節だけでも大きく動かされています。

私が以前、自分の友人から聞いたのは、彼はある時に、時計のアラームが鳴る前に目覚めたことがあったそうです。そして、数分後に私からの電話が入り、その時にははっきりと目が覚めていたおかげで、二人の会話もスムーズに運びました。

このように、あなたの身の周りで、ある出来事が不思議と段取り良く進んでいくような時には、まず疑いなく高次元のサポートが入っていると考えられます。

ただし、ETガイドが力を貸してくれているからとはいえ、あなたが自力で解決できるような問題についても頼ろうとしてしまうのはいいことではありません。あるいは、ガイドによる解決を期待して自分の努力を怠ってしまえば、それに応じるようにガイドからのサポート力も次第に弱まってしまいます。

その現象が起きているのは、〝学校で出された子供の宿題を、親が全部手伝ってしまっては意味がないから〟というのと同じ理由になります。ETガイドは、本来は人の成長のためにサポートしてくれている存在ですから、あなたが努力する姿を見た時には、「そんなに頑張るのなら自分も後押ししてあげよう」と、そのサポート力を強化してくれるようになるのです。

2012年以降、地球は惑星レベルでアセンションを体験しているとお伝えしましたが、みなさんがその変化を存分に活かしていくためにも、ETたちは人に感知すらできないような高次元レベルで惑星全体の調節を行ってくれています。その調節は、いずれも五次元以降のコーザルレベルで行われているものになりますが、三次元のみなさんには偶然に思えるような形で起きているため、まさか地球がETの力でコントロールされているとは気付かない人がほとんどです。

ですが、時には地震や洪水のような天変地異として、宇宙から分かりやすい形で調節が入ることもあります。それは人々に大きな困難を生み出しますが、それでもETは、人にサポートの手を差し伸べることを止めませんから、宇宙が私たちを見捨ててしまうことはありません。

また、あなたが日常的に何かの変化の前触れや、同じような出来事を繰り返し体験しているなら、そこには、自分

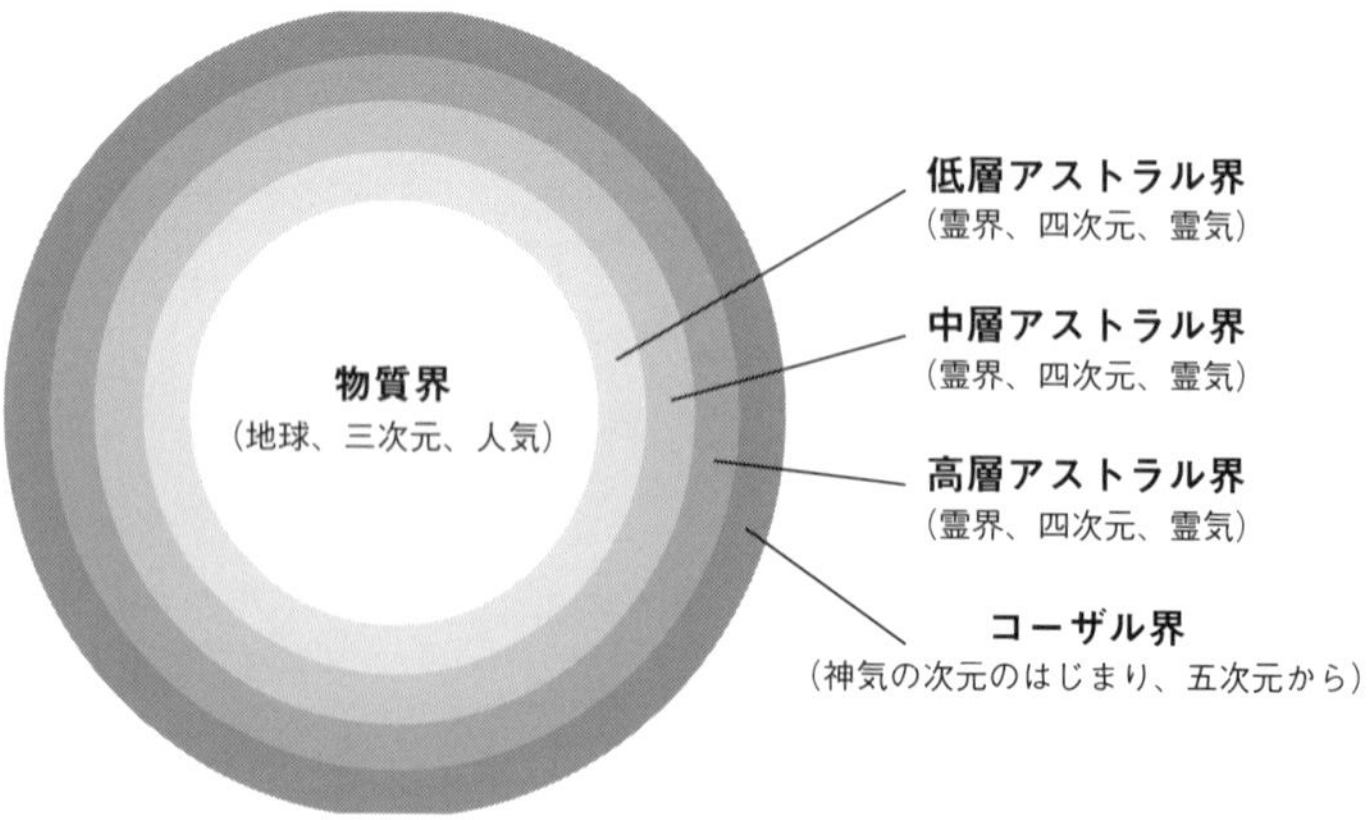

の魂のミッションが何であったのかを思い出させようとしているETの調節が入っています。そこで、あなたがスターシードとしての任務を思い出すことができれば、ようやく地球上で真実の人生を歩み出すことができるでしょう。

ブレーキとアクセル現象

それではここで、ETガイドによるタイムラインの修正がどのように行われているかについて、さらに具体例を挙げて説明していきましょう。ETガイドは、いつも時空を超えた空間から三次元のタイムラインに手を加えています。その修正方法には、次のような《ブレーキとアクセル現象》がよく見られます。

《ブレーキとアクセル現象》とは

□あなたが前進しようとしていなくても、アクセルを踏んだように物事が先に進んでいく現象。

□あなたがアクセルを強く踏み込んでいても、「待った」というように物事にブレーキがかかってしまう現象。

私はＥＴの力によって、物事の進み具合のペースを抑えられているように感じたことが過去に何度もありました。そのひとつは、３・11の東日本大震災の後のことでしたが、当時の私はアセンション・ガイドとしての活動のために、それまで勤めていた会社を辞めようと決意していました。ですが、感情的にはまだ今後の生活が成り立つかが不安でしたから、〝本当にこのまま会社を辞めてもいいのだろうか〟という思いが頭をよぎっていました。

するとその時、私の職場のパソコンが、通常では考えられないようなエラーが次々に発生し、大変でした。そのために、私は自分の仕事がほとんど進まなくなってしまい、社内の同僚からは、「彼は、なぜ単純な作業に時間をかけているんだろう」と疑問に思われてしまいました。その時の出来事は、まるで誰かに職場から去るように後押しされているようで、結果的にはその失敗のせいで、私は会社から引き留められることもなくスムーズに退職することができました。

それは当然悔しいことでしたが、今振り返れば、自分が会社を辞めて次のステップに進むためには必要な段取りだったことが分かります。このように、宇宙にいるETたちは、スターシードが本来のミッションから道を外れないためにも、あなたにとって必要な場面でアクセルやブレーキをかけて調節してくれています。

私の知り合いの女性は、ＥＴガイドからの調節が入ったおかげで、自分が将来結婚するパートナーに巡り会えたと話していました。彼女は、春にお花見パーティーを企画していましたが、パーティーの会場を探している段階から、すでにＥＴによるタイムラインの調節が入っていたそうです。なぜなら、彼女が一か所目に選んだ会場は予約が取れず、二か所目では予約が取れたものの、やむを得ず別の人に譲ることになってしまったからです。そして、ようやく確保できた三か所目の会場で、彼女は運命の相手と出会いを果たすことができました。

このように一見すればトラブルに見えるような出来事が起きている時にも、あなたがほんの少し視点を切り替えていけば、それは後に素晴らしい結果を出すためのパズルのピースの一つに過ぎなかったことが分かります。

つまり、みなさんがこの三次元の世界で《ホログラム・マインド》を持って生きていくためには、たとえ現実で不都合が生じたとしても、それについて一喜一憂する必要はありません。あなたは、ただその場で起きたことを受け止めて、宇宙が用意してくれている後の素晴らしい展開を待っているだけで大丈夫なのです。

惑星グリッドの調整

ETガイドは、普段は遠く離れた宇宙から地球を眺めているため、この星を惑星レベルで管理できるような広い視野を持っています。

地球の周囲には、格子状に張り巡らされた「惑星グリッド」というものが存在しています。この惑星グリッドの立体の各頂点には、ギザのピラミッドやマヤの古代遺跡などの、いわゆる〝パワースポット〟と呼ばれるような場所があり、まるで鍼灸のツボのように地球のエネルギーが出入りしているポイントになっています。そして、この惑星グリッドを調整する役目というのが、他でもないETガイドが地球で担っているミッションの一つになります。

また、この惑星グリッド以外にも、地球のエネルギーに多大な影響を与え

惑星グリッドのイメージ

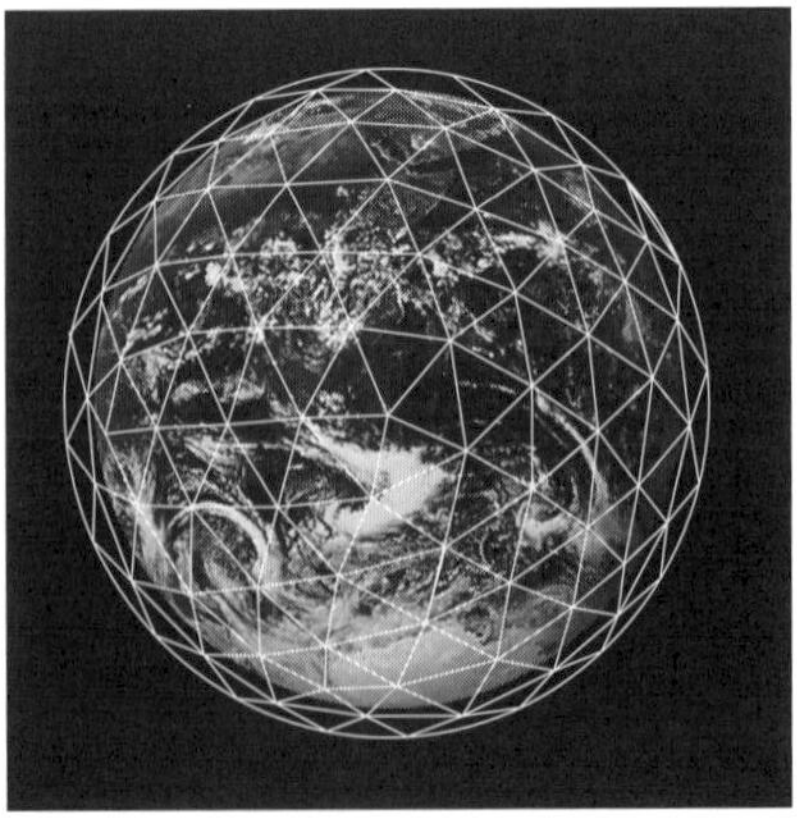

地球上の様々な場所にパワースポットが点在しているのは、惑星の周囲にあるグリッドが関係している。

ている要因というものが、他にもいくつか存在しています。それは主に、人のマインドフィールドや電磁場エネルギーに関わって起きている影響ですが、その調節をする役割も、やはりETたちが果たしてくれているのです。

ところで、なぜ地球でETがそのような動きをしているのかといえば、地球の内部でグリッドに混乱が生じると、惑星全体のエネルギーレベルが低下して、自然災害や戦争などのトラブルが起こりやすい状態になってしまうからです。

現在の地球に大きなマイナス影響を与えている惑星グリッドとしては、イギリス先史時代に建造された「ストーンヘンジ」という古代遺跡があります。この遺跡は、未だに当時の人がどのような目的で建造したかという謎が解明されていませんが、私が宇宙から受け取った情報によれば、悪魔儀式のためにパラサイト的に集められた人の生命エネルギーが多く残っている場所だということでした。

私も以前にこの場所を訪れたことがありましたが、その時には、あまりにもネガティブな波動エネルギーが強すぎて、遺跡内には足を踏み入れることができませんでした。

また、世界の中でも特に惑星グリッドのエネルギーが乱れている場所としては、中東のイランやイラクの辺りから強いマイナスエネルギーが放出されているのを感じます。このように、長年戦争が起きている場所では、エネルギーに根本的な乱れがありますから、ＥＴはその場所に集中的な調整をかけているのです。

ＥＴが、過去に惑星グリッドの調整を行った例としては、２０１１年に東エルサレムの『岩のドーム』と呼ばれている聖地で、眩しい光を放つ巨大宇宙船が、ドームの屋根ギリギリに届くほどの至近距離に近づいてきたことがありました。その現場はかなり多くの人々が目撃していましたから、今でも鮮明な映像がYouTubeに残っています。

この場所では、イスラム教徒と一神教の対立が絶えなかったために、人々の戦争に対する怒りや誤った宗教概念などの想念が、土地の下で癒されることなく長年保存されてきました。ですから、この時には東エルサレムの「場の浄化」を行うために、ETがはるばる宇宙船でやって来てくれたのです。

このようにして、ETが地球で行っているエネルギーフィールドの解放作業とは、私たちの地球文明では感知さえできないほどの高次元レベルで実行されています。

また、現在の地球社会では、人々の欲求を満たすために水質汚染や放射能実験などを繰り返し行っていますから、そのために多くの人たちが、「未来のために地球環境を守っていこう」という意識を失いかけています。そして、私たちの代わりに環境汚染を無害化しようと奔走しているのが、宇宙にいるETだというのは本当におかしな話です。

ヒューマン・テンプレートへの癒し

ETが地球で行っている任務の一つとして、「ヒューマン・テンプレート」という人の身体の《元型》に癒しを与えるという作業があります。地球人は、何千年も昔から社会的に不本意なコントロールを受けてきましたから、本人が気付かないうちに、肉体の元型そのものにマイナス影響を受けていることがあります。

たとえば、前世でアトランティスやムーの時代に生まれて、大陸滅亡を経験した魂を持っている人であれば、当時の記憶が今でもDNAの中に潜在意識的なトラウマとして残されていることがあります。ですが、ETたちは、みなさんが抱えているそのようなトラウマについても癒しの修復作業を施してくれています。

生物学者のルパート・シェルドレイク博士は、かの有名な「形態形成場《けいたいけいせいば》仮説」の中で、〟人間の思考では、過去に存在していたある思考の形態を受け継いで、その思考が再び現実に起きていることがある〟という独自の説を唱えていました。

この理論には、発表した当初は多くの異論がありましたが、私のホログラムワークでは、この「形態形成場」という異次元空間の中にETがアクセスしていて、人の肉体や思考に修復作業を施していると考えています。ですから、みなさんが何かの病気にかかった際には、ＥＴが、人体のテンプレートが保管されている異次元空間にアクセスしていて、その病気を元型から修正してくれていることがあります。

それではなぜ、ＥＴは人の「肉体」ではなくて、その「元型」の方に着目しているのでしょうか？

それには、人の元型にアクセスすると、肉体に手を加えるよりもずっと早く問題解決ができるからという理由があります。

たとえば、みなさんが自分のパソコンにある情報をプリントアウトした時には、すでに何部も出力している原稿の方に手を加えるよりも、パソコンに保管されているマスターファイルにアクセスした方が簡単に修正することができます。それと同様に、ＥＴたちも普段は異次元空間にある人の元型の方にアクセスしているのです。

ＪＣＥＴＩでは、集団で学ぶホログラムワーク以外にも、エネルギーワークの個人セッションなどを行っていますが、そのクライアントのひとりに、私のエネルギーワークを受けてからＥＴガイドの高次元治療を自力で体感できるようになったという女性がいました。

彼女は、はじめから病気治療が目的で高次元のエネルギーサポートを受けたいと思っていたそうですが、いざセッションを受けてみると、一回目にはあまり体感がなく、「自分のＥＴガイドは病気に対してサポートしてくれないのだろうか」と、がっかりしていたそうです。

その後、私は彼女と話し合いながら数回のワークを重ねていき、彼女に対してエネルギー的なフォローアップを行っていきました。

すると、ある晩、彼女が眠っていた枕元に高次元宇宙からＥＴガイドがやって来ました。その時に、彼女はＥＴの手でエネルギーヒーリングが行われているのを体感しながら、自分には確かに高次元の調整が入っているということが自覚できたそうです。彼女が私に話してくれたこの体験は、ＥＴが地球上にいる全人類をサポートしてくれているという事実について、みなさんに情報をシェアしている私にも嬉しい報告となりました。

ただしこの時には、ＥＴガイドのサポートを受けて、すぐに彼女が病気から全快したわけではありませんでした。ですが、私が思うに、まずは彼女自身がＥＴのサポートを自覚して受け入れていくという作業が必要だったのでしょう。

現在の地球では、多くの人が高次元波動を感じ取るための機能が麻痺しており、ＥＴのエネルギーを正しく受け取れていない状態にあります。ですから、みなさんが高次元のエネルギーサポートを受けたとしても、実際にはほとんど体感できません。また、高次元のエネルギーとつながりを持つワークは、人の深層意識から起きてくるために、三次元の世界で効果として目に見えてくるまでには多少の時間がかかります。

先ほどの体験談からも分かるように、たとえ高次元治療を受けている本人には実感がなくても、その人にETからのエネルギーサポートが入っていないという結論は簡単に導き出せません。ETが行っているのは、三次元の感覚では分からないほどの微細で深いレベルから起きてくる作業になりますから、みなさんはすぐに諦めることなく、自分には宇宙から適切なサポートが入っているのだと信じて、高次元ワークを続けていきましょう。

アセンションとETコンタクト

この章では、地球でETガイドが担っている役割について色々と解説してきましたが、さらにここからは、ETガイドによるアクションが、現在の地球で人類が意識的なアセンションを体験するために起こされているという事実についてお伝えしていきましょう。

この本のイントロダクションでもお伝えした通り、マヤ暦が終了した2012年12月からは、約2万6千年の地球周期の中でも、人類が再びアセンションを体験していくようなチャンスの時期が到来しています。アセンションとは、日本語で言えば「次元上昇」のことを意味しますが、人間が次元上昇を体験すると、その人が本来持っているポテンシャルに気付いて魂のミッションに沿った生き方ができるようになります。

地球が、2012年に惑星アセンションを体験したという事実については、これまで世間に情報として知らされる機会がほとんどありませんでした。ですが、これまでに明らかにされなかったその真相とは、惑星アセンションが起こる前後10年間で、地球人類全員が意識的なシフトを体験していくことになるということです。

ただし、これまではアセンションについて誤った解釈がなされていたために、〝マヤ暦の終焉によって地球は滅亡する〟というような根拠のないうわさもたくさん流れていました。2012年以降に地球が存続している現在では、それがただの捉え間違いだったことは明らかですが、私がみなさんにお知らせしたいのは、このように人の不安や恐怖心を弄んでいたずらをする低級存在が、あなたのすぐ側に潜んでいるということです。

今回の惑星アセンションでは、地球の次元上昇がネガティブ存在によって邪魔されることもなく、万事スムーズに事が運んでいきました。ですが、その先には再び、《地球上にいる全人類がアセンションを達成していく》という大きな課題が残されています。みなさんがこの課題を上手くクリアしていくためには、人類の未来に対して常に受け身でいるのではなく、高次元宇宙とのつながりを信じて、自力で未来を切り開いていこうとする強い意思力が必要とされています。

なぜなら、宇宙にいるＥＴたちはいつも喜んでみなさんに手を貸してくれていますが、最終的なアセンションは、ＥＴが起こしていくものではなくて、みなさんが自分自身の力で体験していくことになるからです。

もちろん、今世でアセンションをするかどうかについては、あなたが自分の意志で選択できることになりますので、〝アセンションをせずに現状のまま暮らしていきたい〟と思うのであれば、それも一つの選択肢ですから、私はあえてそれを止めようとはしません。

ですが、スターシードとしての使命を持って地球に生まれついた魂は、宇宙の力によって、人生の枠組みを予めプログラミングされています。あなたがそれに逆らって、自分の運命を大きく変えて行こうとするのは、簡単でないということだけお伝えしておきます。

現在では、惑星アセンションが起きたタイミングに合わせて、人々の意識もらせん状にどんどん上昇し始めています。そして今、アセンションに向けて準備が整ってきた人々の数も着実に増えてきました。このような流れから、他人よりも先に覚醒したアセンデットマスターたちが神と崇められていた時代が、ようやく終焉を迎えることになったのです。

2012年に地球が体験した惑星アセンションは、かなり壮大なスケールで起きたものでしたから、銀河にある惑星の中でも地球人がアセンションしていくことは、宇宙でも大いに期待されていることになります。

Chapter 3

ETコンタクティ、そしてアセンションガイドへの導き

エンパスだった少年時代

ここで、私がアセンション・ガイドになるまでのプロフィールについて、みなさんに簡単に自己紹介しておきましょう。

私の幼少時代には、他人よりも感受性が高く人の感情とつながりやすい性質のある「エンパス」というタイプの子供でした。それでも特に人見知りをするわけでもなく、むしろ私は人と話しているのが大好きでしたから、英語の「グレゴリアス」（おしゃべり好き）という言葉がまさにぴったりでした。

当時の私の趣味は本を読むことで、小学生の頃には哲学や天文学系の専門書なども読んでいました。高校生になると、古代文明と宇宙のつながりについて書かれた本に夢中になりましたが、その頃の私はまだメディアによって操作された情報も取り入れていました。

当時は、テレビでＵＦＯ番組が流行していた時代ですから、私だけが宇宙について多大な関心を寄せていたわけではありません。ですから、その頃には、まさか自分が大人になってアセンション・ガイドになるとは想像もしていませんでした。

また、高校時代には音楽のバンド活動に興味を持つようになり、その後、進学したニューヨーク大学では音響学部を専攻していました。実は、この頃の私は、音楽活動の方に没頭しており、宇宙に対する興味を半ば失いかけていました。

そして、私が大学を卒業した後には、アメリカでエンジニアとして働くようになり、ニュージーランドでのワーキング・ホリデーを体験して、それからようやく日本に来て暮らすようになりました。

東京の杉並区に住んでいた2007年頃、私は自分が子供時代に聞いていた『コースト・トゥ・コースト』というラジオ番組の音声データを偶然にインターネットで見つけました。その番組は、宇宙人や超常現象について特集を組んでいる内容でしたが、私が音声データを何気なく聞いている間には、それがまさか自分が小学生の頃に夢中になっていた番組だとは気付きませんでした。ですが、次第に当時の印象がよみがえってきて、私はいつしか、ラジオの音声が伝えている不思議な宇宙観の中に引き込まれていきました。それは、「自分が本当に知りたかった情報はこれだったんだ」と、ようやく確信が持てたような感覚でした。

それからの数か月間は自宅に籠って、ラジオ番組の音声データに没頭していました。この番組は、毎回ゲストが入れ替わりで2時間のインタビューを行い、それを2~3本流していく構成になっていましたから、私はある時には、

6時間以上もパソコンの前に座って、ラジオの音声に釘付けになっていたことがありました。

そのおかげで、当時の私は自分に不足していた情報を、一気に脳内へダウンロードできました。今思えば、私のあの時の体験も、スターシードとしてのミッションの中で予めプログラミングされていたものだとはっきりと分かります。

それから数ヵ月後、私は友人の結婚式のためにオレゴン州のポートランドに出掛けることになり、現地に到着してみると、その場所にはETコンタクティとして有名なジェームズ・ギリランド氏のリトリートセンターがあることが分かりました。このリトリートセンターは、今でもアダムス山の麓にありますが、そこは宇宙船目撃のメッカとしてもよく知られている場所です。

ただし、その時の私の旅行スケジュールでは、最終日まで彼のリトリートセンターに立ち寄れるかどうかは分かりませんでした。そのため、旅行中に何とかスケジュールを調整して、その場所にようやく訪れることができた時には、「これはきっと宇宙の計らいに違いない」と心から感じていました。

ですが、その時には、私とジェームズが直接対面することはなく、代わりにその場にいたリトリートセンターのスタッフが、「夜更け前にアダムス山を見ていると、何かの光が現れてきますよ」と、私に情報提供してくれました。

その夜にスタッフが教えてくれた通りにアダムス山を眺めていると、山頂には、確かに宇宙船が発している閃光のようなものが現れてきました。その後にも星のように流れていく光や、何度もパチパチとフラッシュしている不思議な光線などを目撃し、私は、この時に生まれて初めて宇宙と自分との素晴らしいつながりを体験することができました。

アメリカで体験したシンクロニシティ

それから約1年後、私はアメリカに2年ほど帰国していましたが、そこでもまた宇宙の計らいとしか思えないような不思議な出来事に遭遇していました。ニュージャージー州のある町で、私は偶然にも日本人のお婆さんからアパートの部屋を借りて暮らしていましたが、その隣の部屋にある日、黒人の男性が引っ越してきました。

私がその男性と話をしてみると、彼の職業はボーイング社で機密プロジェクトに関わっているエンジニアだということが分かりました。私もそれを聞いた時にはさすがに、「世の中にこんな偶然があっていいいんだろうか」と、内心驚いてしまいました。

さらに、私がラッキーだったのは、彼が社内で行っている機密プロジェクトについて、他の人にも話してみたいと考えていたことでした。彼には結婚して奥さんがいましたが、社内での業務が特殊すぎて一般人には信じてもらえないため、自分の奥さんにさえ話すことを躊躇していたのです。

ただし、最初のうちには彼もまだ、私に対して警戒心を持っていましたから、「職場での業務内容について、私にお答えできる範囲でよろしければお話ししますよ」というスタンスでした。ですが、二人の会話がだんだんと盛り上がっていくうちに、彼は自分が職場で扱っている機密事項についても、かなりギリギリのところまで私に情報を教えてくれました。

ここでは、私が彼と話した内容については明らかにはしません。ですが、その時に彼が内部事情を正確に打ち明けてくれたおかげで、私は自分がこれまでに集めてきた情報についても真実とそうでないことの整理をすることができました。

また、その頃の私はすでにETの実在を信じてはいましたが、それでもまだ「ETは確かに存在する」と、確信を持って言えるほどの情報は入手していませんでした。だから当時の私には、彼のように機密情報を持っている人物と交流して、宇宙に対する信頼性を自分の中で高めていく必要があったのでしょう。

さらに、私がアダムス山へ行った後には、「人は宇宙と交信できる」という真実について、宇宙から視覚的にも知らされるような出来事が起こり始めました。アダムス山で多数の宇宙船の出現を目にした私は、宇宙船とはそのように有名なパワースポットでなければ目撃できないとすっかり思い込んでいましたが、その後も東京で暮らしていると、日中の街中の空に宇宙船が現れてくるのを何度も目撃しました。

さらに私がアメリカへ帰国している最中にも、宇宙船を目撃する体験やドリームコンタクトなどが頻繁に起きていて、私も「これは幻なんかじゃない」と、ＥＴの存在について確信を持つようになりました。

そこで、私が次に起こした行動とは、業界でも先鋭的なＥＴコンタクティとして知られているスティーブン・グリア博士が考案した『ＣＥ－５《シーイーファイブ》』のコンタクトワークを習得することでした。ＣＥ－５のテクニックは、従来の複雑だったＥＴコンタクトの手法を、一般人にも実践できるように明確にシステム化したものになります。

私はグリア博士本人にも許可をいただいて、彼が設立した「ＣＳＥＴＩ《シーセッティ》」という団体名にちなんで、「ＪＣＥＴＩ《ジェイセッティ》」という名称を使い日本で活動することになりました。

そのために、私が初対面の人によく尋ねられるのは、「あなたはグリア博士のお弟子さんですか？」という質問です。確かに私はグリア博士が考案したコンタクトワークについて学びましたが、それでも博士との間に、「グルと弟子」（グルとは、サンスクリット語でスピリチュアル的な学びを教える指導者のこと）という関係を築いたわけではありませんでした。

それには、次のような理由があったからだといえます。スターシードが地球で魂のミッションに沿った人生を生きていくためには、宇宙と自分の間に「グル」という仲介役を挟むのではなくて、自分自身がいつもダイレクトに宇宙とつながっている必要があるからです。

その考え方は、宇宙が私に求めていることにも一致していたようで、私がジェームズのリトリートセンターへ初めて行った時にも、ジェームズ本人と直接対面することはありませんでした。私が彼に出会ったのは、日本でのコンタクトワークが軌道に乗った約2年後のことになります。

そして、CE-5のテクニックを学び終えた後の2010年7月19日に、私は自分の誕生日であるこの日に初めて、福岡県の糸島でJCETIの公式コンタクトワークを行いました。

ですが、当時の私はまだコンタクトワークを副業としており、メインの仕事ではブライダルの写真編集などを行っていました。また、それと同じ時期に自分の生活拠点を九州から関東に移した方がいいだろうと考えていましたので、私は写真編集の仕事を辞めて、千葉県に引っ越しするための準備を進めていました。すると、そのタイミングで3・11の東日本大震災が起きてしまいました。

私は被災後の混乱をニュースで見て、この時期に関東へ転居するのは難しいだろうと考えて、発送していた荷物を送り返してもらい、福岡に住み続けることにしました。あの震災は、私にとっては人生の進路を大きく変えるような出来事でしたが、私だけではなく他の多くの人々にとっても大事な岐路になったことでしょう。

私は、福岡での仕事をすでに辞めていましたので、それならこれを機会にコンタクトワークを本業にしてやっていこうとようやく決意することができました。

当時の私は、様々なシンクロニシティ的な出来事に導かれるようにして、人生をある方向へとしきりに誘導されていました。精神的には先が見えずに辛い時期でしたが、あの期間を辛抱強く乗り越えたおかげで、その後のETコンタクティとしての進路を明確にすることができたのです。

オフィスで目にしたオーバーシャドウ

話は少し前に戻りますが、私がアメリカに住んでいた頃に、ニューヨーク州のマンハッタンのオフィスで仕事をしていたことがありました。そのオフィスは、イースト川のすぐ側の20階建ての高層ビルにありましたから、私は朝早くに職場へ出掛けて行き、仕事前に窓の外の景色を眺めていることがありました。

すると時々、遠くの空にケムトレイル（飛行機雲に見せかけて、空中噴霧されている化学物質のこと）を目撃することがありました。そして、それと同時にピカピカと光りながらケムトレイルの除去作業をしている宇宙船の姿も見かけていました。この時期の私は、日中の明るい時間帯にもよく宇宙船を目撃していたのです。

また、私が遠くの空に宇宙船を見つけた時には、自分の目線を使って合図を送りながら宇宙船とゲームのようなことを楽しんでいました。そのゲームでは、私が宇宙船から目線を横にずらして、「こちらの方で光ってくれますか？」とお願いすると、宇宙船はその方向に移動してピカッと一度光ってくれました。そして、次に私が「今度は、あちらの方で光ってくれますか？」とお願いすると、宇宙船がまたその通りに動いていきピカッと光ってくれるようなことが何度も続いていました。その体験のおかげで、当時の私は〝宇宙船の中にいるＥＴは、人間の意識を正しく読み取っているのだ〟ということが、頭ではなく感覚的にも理解できるようになっていきました。

そのマンハッタンのオフィスでは、ある女性の先輩が私の新人トレーニングを担当してくれていましたが、彼女は職場の上司と恋仲にあり、私が彼女と親しいと勘違いした男性上司から、いつしか執拗な嫌がらせを受けるようになりました。

その時に上司が私に行った嫌がらせの内容といえば、社内でのインターネットアクセス権に制限をかけたり、私の派遣元企業にクレームを出したりという陰湿なものでした。それでも、私は口答えをせずにいつも通りに仕事をしていましたが、それが上司にとってはかえって不満だったようで、私に対するパワハラ行為がさらにエスカレートしていきました。

今思えば、この時の上司の背後にはネガティブな宇宙存在がつきまとっていて、彼の行動をマイナス方向にコントロールしていたことが分かります。ホログラムワークでは、主に低級存在によって行われているこのような憑依現象を、「オーバーシャドウ」と呼んでいます。

また、その上司は過去生からのあるカルマを抱えていましたから、今世では、そのカルマを解消するために、他人に対して辛く当たっているという裏事情がありました。ですが、そこに上手く目を付けた低級存在が、彼の心にあった痛みやトラウマをさらに増幅させていくようにコントロールしていたのです。

一方で、私もこれと似たようなケースを子供時代から何度も体験してきました。スターシードは、地球であるミッションを達成するために生まれてきていますが、その特別な任務のために、一般人よりも強い光を放っています。闇の存在にとっては、その光が眩しすぎるので、その輝きを失わせようとネガティブなコントロールや攻撃などを仕掛けてくるのです。

私は、上司が派遣会社に報告したせいで、担当者からも呼び出しを受けて、「あなたはこの仕事を失っていいんですか？」とか、「今あなたの収入が途絶えてしまえば、明日からの生活に困りますよね？」という脅迫めいたことも言われていました。

これは、ニューヨークの貧困意識を利用したマインドコントロール的な苛めでした。世界経済の中心地であるニューヨークでは、誰にも成功するチャンスがある一方で、日々の暮らしにも困窮しているような人たちが大勢いるために、このような現象が起こりやすいのです。

このような事情があって、私のマンハッタンでのオフィス生活はあまり楽しいものではありませんでした。その後は、私も別会社へ転職したいと考えるようになりましたが、会社を辞める少し前に、社内のミーティングルームで男性上司と二人きりになったことがありました。

彼は、その日も私に面倒な雑用ばかり押し付けていて、さらに1日のスケジュールを事細かに報告させるという無意味な嫌がらせもしていました。ですが、私は会社では揉め事を起こす気がありませんでしたから、彼の理不尽な命令にもただ素直に従っていました。

するとと、彼の背後にいたネガティブ存在は、私があまりにも抵抗しないために、次にどんなリアクションを取ればいいか分からなくなったのでしょう。その上司が突然、「◎△×■◇♨！！！」という宇宙語のような言葉をペラペラとしゃべり出して、彼の背後にいた低級存在が逃げ出していきました。そして上司も、それまでに自分をコントロールしていた闇の存在を失ってパニックに陥っていました。

これは、私にとって不思議な体験でしたが、実は案外、誰でも身近なところで体験していることでもあります。もしあなたが職場で似たようなシチュエーションを体験しているなら、低級存在からこれ以上の悪影響を受けないためにも、この本で紹介しているクリアリングのエクササイズなどを実践してみてください。

人生の分岐点──ダークナイト・オブ・ザ・ソウル

マンハッタンでの仕事を辞めたすぐ後、私はまた別の仕事を見つけ、今度はその仕事のためにニュージャージー州のある街に移り住むことになりました。

次の職場の上司は理解がある人で、試用期間中の私にも優しくしてくれました。この時に私に与えられた職種は営業職でしたから、同僚の男性とは一緒によく長距離出張に出掛けていました。

この同僚は、幼少時代に他の星から地球に転生してきたと言われているインディゴチルドレンだったそうで、私と同じように宇宙についての情報集めを趣味にしていました。そのため、彼はよく車内でもWi‐Fiを使いながら、宇宙船の映像などを探していました。

この時の仕事は、長距離移動が多くて体力的にはハードなものでしたが、それでも、私はこの仕事を本職として真面目にやっていくつもりでした。ですが、ある時にふと、「この道を進んでいると大事なものを失ってしまう」と思うような時期があり、それからの私は、仕事を辞めて日本に戻るべきかどうかずっと悩み続けていました。なぜなら、私がこれまでに体験してきたことは、アメリカではなく日本にいるからこそ役に立つという宇宙のメッセージが日常でも頻繁に降りて来ていたからです。

この時に私が体験していたプロセスのことを、スピリチュアル用語では、「ダークナイト・オブ・ザ・ソウル」（魂の暗夜）といいます。このダークナイト・オブ・ザ・ソウルというのは、人が未来に素晴らしい体験をする前の準備期間として設定されている、先の見えない闇夜のことで、通常は、自分の第1、第2チャクラにエネルギー修正が入っていることからこの期間を体験していくことになります。これは、エネルギー形態の根本構造を変化させていくことになるため、この期間中には自分の住んでいる場所や職場などにも大きく影響が出てきます。

その頃のアメリカでは、金融危機の影響で不況が長く続いていましたから、そんな時期に私が二度も職にありつけたのは、誰が見てもラッキーなことでした。そのために、私は自分の両親からも、「どうして今の仕事を辞める必要があるの？」と、会社の退職と日本行きを反対されていました。

一方で、私は再び日本へ行くという選択に心が揺れながらも、「この道を選んで後から後悔しないだろうか？」と、まだ決めかねているような状態でした。

そして、ある時に私は、仕事の関係で長距離出張に出掛けることになりましたが、その道中にあるＥＴからのテレパシーが入りました。

それは、今までに感じたことがないような不思議な感覚で、私は自分の心の奥底から「日本に行っても大丈夫だ」という確信的な気持ちがじわじわと湧き上がってくるのを感じていました。私がその感覚に行き着くまでに、三次元で何か決定打となるような出来事が起きたわけではありませんでしたが、自分の内面で力強い変化が起きているのは理解していました。

その時期は、私の人生でも特に大事な分岐点だったため、どこに出掛けても「Y字路」を見かけるという不思議な現象にもよく遭遇していました。

私は自分の友人にも、日本行きについて相談を持ちかけていましたが、友人たちも明らかに、誰か別の存在からコントロールされているように見えていました。なぜなら、彼らは、二年以上も前に私が日本に滞在していた時の情報について、知っているはずがないのにペラペラと当たり前のように話していたからです。ある友人からは、「日本に行った方が絶対に君らしく生きられるはずだよ！」と、力強く説得されたこともありました。

当時の私は、なぜ自分にそのようなことが起きているのか、その意味をまだよく理解していませんでしたが、今思い返してみればそれは、「とにかく日本へ行きなさい」という分かりやすい宇宙からのメッセージだったに違いありません。

ダークナイト・オブ・ザ・ソウルの分岐点では、たとえ、自分がまだ道に迷っているような状況でも、その手元には宇宙からのインスピレーションや、未来の活動に関するビジョンなどが届けられています。

JCETIの立ち上げ――スピリチュアル・ワンダラー

地球人が魂の目覚めを体験していくプロセスでは、ダークナイト・オブ・ザ・

ソウルの他にも、「スピリチュアル・ワンダラー」（魂の放浪者）という準備期間が設定されていることがあります。ただし、スターシードのタイプによっては、この期間を体験するように設定されている人とそうでない人がいます。

私にとってのスピリチュアル・ワンダラーの期間は、2010年に日本へ戻ってきて、福岡での生活を一から立ち上げ直していた時期でした。その時の私は、すでにグリア博士が考案した『CE－5』のコンタクトワークを学んでいましたが、先にお話したとおりグリア博士との間には、特に「グルと弟子」の関係性を築いていたわけではありませんでした。そのために、私は、指導者的な立場の人に自分の道を諭されることもなく、ただひとりで暗闇の中を手探りしながら何とか前進しているような日々でした。

アメリカに、私の知り合いでウォークインのリサ・レネイさんという、まだ日本では紹介されたことのない女性がいます。私が彼女に教わったのは、地球に生まれついたスターシードは、その宇宙に任されている役割が大きいほど、自分の未来についての情報が降りてきにくいということでした。

その主な理由は、スターシードがあまりにも先の情報を知りすぎていると、そのために現実が上手くいかないジレンマに悩まされたり、ネガティブな現象を引き寄せてしまったりすることがあるからだそうです。そのため、スターシードの身の安全を守るためにも、基本的にはわざと本人が鈍感なままで、彼らの魂のミッションが進行されていくということでした。

ですから、私がみなさんにホログラムワークについて教えている最中にも、まだ道に迷っている人に対して、「ここはこうすればいいですよ」という具体的なアドバイスをすることはまずありません。それは、リサが私にシェアしてくれた情報と同じ理由があるからといえます。

また、みなさんが「グルと弟子」の関係性を相手に求めるのではなくて、「全ての人が同等である」という考え方をベースに持つなら、三次元の地球で暮らしていても、常に他者とは宇宙的な関係を築くことができます。アセンション時代のグルはあなた自身なのです。つまり、《ホログラム・マインド》における人間関係の考え方とは、私と人とはあくまで違う人生を歩んでいて、それぞれの人が「自力本願」でいることになります。

2010年に、私が日本で初の公式コンタクトワークを終えた後には、JCETIの活動のために全国を駆け巡っていくことになりました。それまでの私は、自分がバックパッカーとしては旅慣れている方だと思っていましたが、夜行バスで各地を移動して、徹夜でコンタクトイベントを行うのは、正直これほど大変だとは思いませんでした。ある時には、ひと月以上も自宅に戻れないようなこともありましたから、あの頃の自分はまさに「放浪者」の意味のワンダラーという言葉がぴったりでした。

また、この時期の私は、『ＣＥ－５』のプログラムの中にある瞑想のトレーニングを日常にも取り入れて実践していました。そのため、自分が仕事で忙しい時にも心は落ち着いていましたが、頭だけはいつもフル稼働していて、どんな時にでもアセンション・ガイドの可能性を意識することができていました。このように当時の私は少しずつではありましたが、ＥＴコンタクティにとって必要な《ホログラム・マインド》というものを身につけていきました。

また、これは少し余談にはなりますが、私は学生時代からずっと音楽のバンド活動に憧れてきましたから、ＪＣＥＴＩで各地を回っていたスピリチュアル・ワンダラーの時期は、まるで自分がバンドのツアー活動に参加しているように思えてワクワクしたものです。

Chapter 4

エネルギー的なジャングル

コズミック・エッグ——ソースからの分離

「コズミック・エッグ」というのは、この宇宙に存在している多次元構造体のことをいいます。一般的に宇宙は無限大と言われていますが、果てしない広がりを見せている宇宙空間でも、その中を「二次元宇宙」や「三次元宇宙」というようにいくつかの次元化された層に区切っていくことができます。

それは、次元の層が何層にも重なり合って、一つのエッグ（卵）を形成しているようなイメージです。このエッグの中心にソースという源があるとすれば、その周囲には十二次元の層が取り巻いており、十二次元の周りには十一次元、その周りには十次元の層というように中心から離れていくほどに次元がどんどん低くなっていきます。

コズミック・エッグ

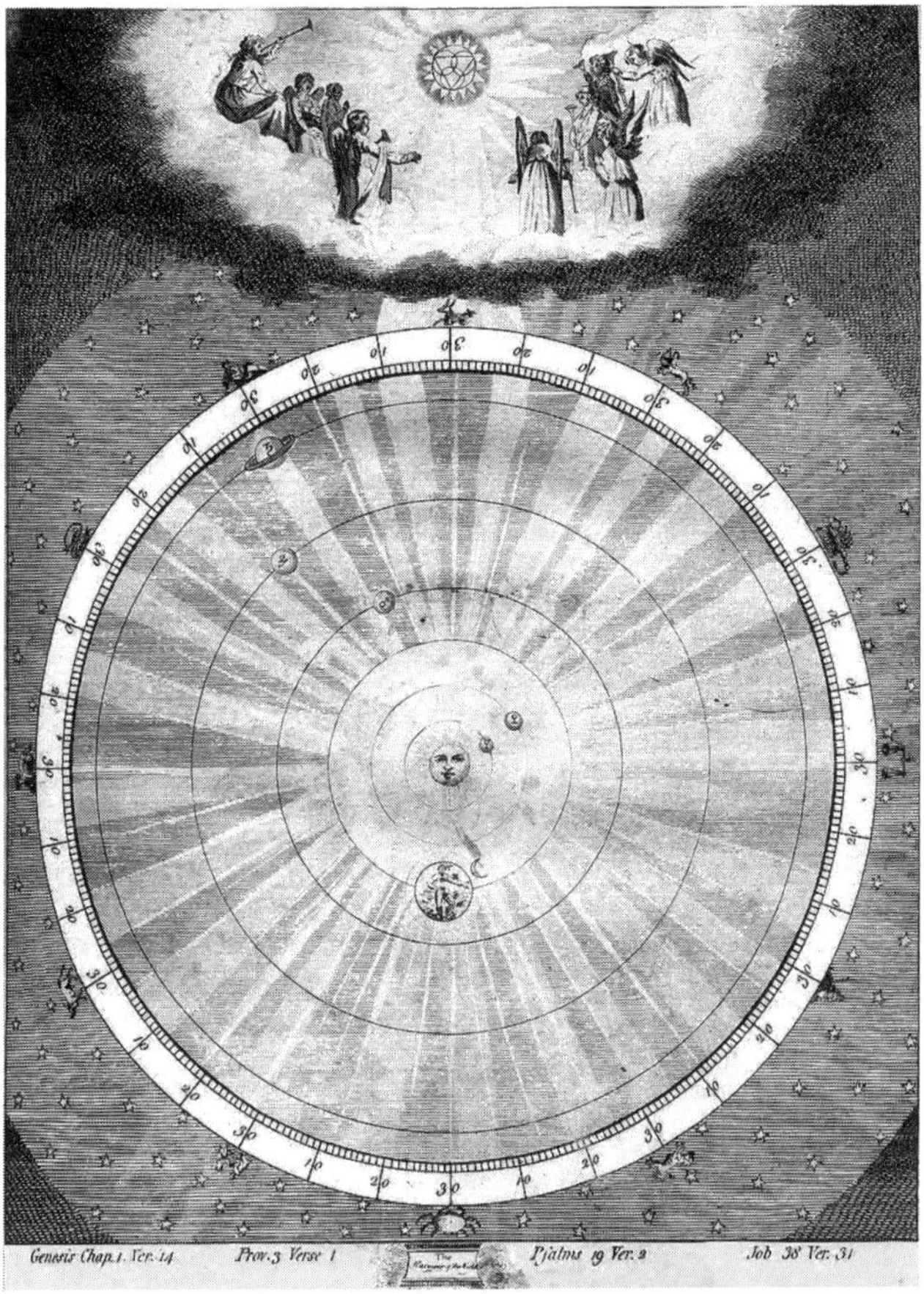

多次元構造の中心にソース（源）があり、外側に行くほど次元が低くなる。コズミック・エッグの外側から中心へ向かっていくことをアセンションという。

出典：An illustration of the "Harmony of the World," reflecting the idea of Musica Universalis (1806) (from Ebenezer Sibly's Astrology, via Wikimedia)

そのために、我々が住んでいる三次元というのは、中心からは実に十層近く離れた場所にあります。そして、地球が天の川銀河の端にあるのと同様に、三次元の層もコズミック・エッグの中でかなり外側に位置しています。

人類が地球でアセンションを体験していく時には、三次元から次元上昇していき、中心のソースの方に戻っていくという動きが起きています。ですが、いまはソースから十層近くも離れた場所にいるために、元に戻る道の途中で足を引っ張られているような状態にあるのです。

また、ここでいう「ソース」とは、世界に万物を生み出している「源」のことであり、宇宙にいる全ての生命体がそこから誕生しています。地球人類は、過去に十二次元から三次元へ「ディセンション」（次元下降）するために、ソースからの分離を何度も繰り返してきましたが、今後再びソースの方に戻るためには、若干エネルギーが不足している状態です。

そこで、一部のサイキックな人々が行っているのが、エネルギーのパラサイト（乗っ取り）というネガティブな行為になります。第四章では、地球に見られるエネルギーの仕組みについて色々とお話していきますが、中にはこのパラサイト行為のように、他人から無理矢理にエネルギーを奪い取ってしまう行為が見られます。これはもちろん宇宙で許されることではありませんし、人が人に対してパラサイト行為を行えば、地球人類はアセンションとは真逆の方向に落ちていくでしょう。これはマクロのレベルで起きていることであり、今の非宇宙的な地球に陥っている背景にあるものです。

現在の地球では、アセンションとディセンションの中間付近をさまよっている状態にあり、他者のエネルギーを奪い取ろうとしている闇の存在がいれば、それとは逆に他人をサポートしようとしている光の存在たちがいます。地球に暮らしている人類が、このターニングポイントを乗り越えて意識のシフトを体験していけるどうかは、みなさんがこれからどのような生き方をするかにかかっています。

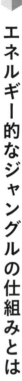

エネルギー的なジャングルの仕組みとは

古代インドのヴェーダ哲学には、世界には「人、霊、神」の三つの領域があるという記録が残されています。私自身もこれまでに自分が体験してきた様々な出来事を通じて、霊界と神の領域の違いについて学びを深めてきました。

霊界という異次元世界について調べていく中で、私が特に注意しておくべきだと感じたのは、そこには「四次元アストラル」というネガティブなエネルギーの留まっている世界があるということでした。ホログラムワークでは、この四次元アストラルのことを、〝偽物の光を持つ世界〟という意味で「偽光《ぎこう》界《かい》」と呼んでいます。

偽光界とは、一見すると天国と見間違えてしまうほど、まばゆい光を持っている世界です。それは、五次元以降のコーザル界などの真に美しい高次元宇宙とは似ても似つかないものですが、偽光界にもそれなりに眩しい光が存在しています。

また、偽光界には、どんな人でもトレーニングを積めばすぐにアクセスできるようになるというような特徴もあります。そのため、現在でも地球から偽光界に迷い込んでいる人が大勢いますが、そこに行き着いた人の多くが、〝自分はとうとう神の領域に到達した〟と勘違いしています。確かに、その場所は人が意識の目覚めのために通過していく領域ではありますが、それでもまだ、そこがアセンションの最終ゴールということにはなりません。

現在、地球で人類が目指しているゴールとは、四次元アストラルにいる存在と交流を図っていくことではなく、五次元以降の高度な知性を持っているETとつながりを持つことです。普段は、みなさんの周りでサポートしているETたちも、その多くは五次元、六次元付近の宇宙から訪れている存在です。

また、これまでのニューエイジの世界では、宇宙レベルのスピリチュアリティについて語っている人はあまり多くいませんでした。そのため、アセンションについては、人によって情報を勘違いしているケースもありましたが、中には、わざと自分のクライアントを偽りの情報で囲い込んでおきながら、高額の相談料を納めさせているような悪質な手口も見られました。

私は自分の魂のミッションの一つとして、ETから、そのようにネガティブな行為を行っている集団に引き合わされたことがあります。そして、その時の体験から分かったのは、現在のスピリチュアル業界で詐欺まがいのことをしている人の多くは、偽光界とのつながりを持っているということでした。これは、他者について批判的な意見を述べたり、みなさんの恐怖心をかき立てたりするためにお話しししているのではありません。私はただ、人の精神に影響を与えているものの現状について、みなさんに正直にお伝えしているのです。

一方、スピリチュアル業界では、高次元の世界について、人々に真実を伝えようと活動してきたリーダーたちがいました。かつてはアメリカの女優で、自らの神秘体験について語ったシャーリー・マクレーンなどが有名でしたが、彼女は、一般人からも長らくスピリチュアルな教えの先駆者として親しまれてきました。しかし、地球が惑星アセンションを体験した今となっては、彼らの教えを精神世界へのひとつのステップとし、現在の人類は、さらに未知なる領域に進んでいくステージに立っています。

また、この章のテーマになっている「エネルギー的なジャングル」とは、三次元のエネルギー波動が低すぎることが災いして、偽光界とつながりがある低級存在を、自然と自分の元へ引き寄せてしまうことを意味しています。

それでは、みなさんがこのジャングルを通り抜けて、高次元宇宙とつながるためにはどうすればいいのかといえば、それはやはり一人ひとりがエネルギーの扱い方について詳しく学び、他者からの影響を受けずに自分のエネルギーフィールドを管理していく「セルフマスタリー」のテクニックを修得していくことになります。

みなさんが、セルフマスタリーについて実践するのは、たった一日で完ぺきにできるほど容易なことではありません。それは、あなたが楽器を少し練習したところで、壮大な交響曲を演奏できるようにはならないのと同じ感覚だといえます。

あなたが、これからの人生において、エネルギー的なセルフマスタリーを実践していくためには、私がこの本の中でお伝えしていく様々な知識を吸収して、日々のトレーニングを積み重ねていくことが役に立つでしょう。

人気《じんき》・霊気《れいき》・神気《しんき》の違い

三次元に生きながら《ホログラム・マインド》を持つようになると、偽光界からの影響が避けては通れない問題になっていきます。私は、これまでにJCETIの活動の中で、多くのエネルギーワーカーと出会ってきましたが、その中には、残念ながらまだ偽光界の次元にしかアクセスできていないような人々もたくさんいました。また、それとは逆にスピリチュアル的な活動をしていない人が、宇宙との素晴らしいつながりを持っているのを見たこともありました。

スピリチュアル業界には、「運気アップにいいから」と語り、何十万円もするような高額な商品を売りつけている業者がいます。ですが、そこには大抵、明らかに偽光界から取り入れている「邪念」ともいうべきマイナスエネルギーが封じ込められているものです。また、偽光界の影響は、人々に神について間違ったイメージを伝えて、自分の力を明け渡して崇拝させるような行為の中にも見られます。また、メディアでは、有名人や政治家などに対して、人々に尊敬の念を抱かせるようにコントロールしていますが、それには、みなさんが自分自身の能力を卑下して無力化させる作用がありますので、結局は彼らも同じ人間であることを忘れてはいけません。

もし、あなたがセルフマスタリーによって、真の高次元エネルギーとつながるようになれば、偽光界にあるエネルギーが、実はかなり粗い波動を持っていることが分かるようになります。ホログラムワークでは、その低波動のエネルギーのことを、三次元にある波動に近いために《人気《じんき》》と呼んでいます。一方、四次元アストラルのエネルギーを《霊気《れいき》》、五次元以上のエネルギーは、神というソースの方に近い波動のため《神気《しんき》》といいます。

みなさんが、高次元宇宙とコンタクトを取る際に、何よりもまず注意すべき点とは、偽光界へのアクセスを迂回して、四次元アストラルの《霊気》のエネルギーから影響を受けないようにすることです。また、それと同時に三次元で受けている《人気》の影響をクリアリングしておくように調整しなければなりません。

スピリチュアル業界で活躍しているエネルギーワーカーの中には、自分が三次元で受けているエネルギーの影響を無視して、クリアリング作業を一切行っていないような人もいます。私が思うに、エネルギーワーカーのそのような行為とは、医者が手を洗わずに患者を手術しているのと同じぐらい考えられないことです。

一方、偽光界とつながりを持っているエネルギーワーカーから施術を受けた人が、「すごいエネルギーを体感した」、「病気からすぐに回復できた」と言って喜んでいることがあります。ですが、三次元にいて体感できるエネルギーというのは、次のような理由から、偽光界とつながりを持っている可能性が高いといえます。

偽光界に流れている波動というのは、私たちが住んでいる地球の波動とよく似ているために、「身体に重いエネルギーを感じる」とか、「すぐに効果として現われてくる」というような特徴を持っているのです。一方、高次元の《神気》のエネルギーは、みなさんがよほど敏感でいなければ感知できないほど繊細なものになります。ですから、何かのヒーリングを受けた際に、自分の身体の周りに違和感があって、波長を重く感じる時には、それは《神気》ではなく《霊気》のエネルギーである可能性が高くなります。みなさんを陰で見守っているETガイドは、あなたが自分の身体に《霊気》のエネルギーを浴びているのを見て、「これはまずいことになったぞ」と焦っているのです。

映画『スター・ウォーズ』では、主人公のルーク・スカイウォーカーが、ジェダイ・マスターのヨーダからトレーニングを受けている最中に、友人を助けに行くために自分自身のトレーニングを一時中断していました。それを見たヨーダがルークに話したのは、〝フォースの使い手が、訓練が不十分なままで近道をしようとするなら、それは結果としてダークサイド側に落ちてしまうことになる〟ということでした。この映画のストーリーがみなさんに教えてくれているように、《神気》のエネルギーとは、中途半端に修得した技術や偽物のトリックでは少しも誤魔化しが効かない世界です。

また、私は以前に知人から、あまり良くない波動が入ったスピリチュアルグッズをもらったことがありましたが、その日の夜、あるＥＴが私の元に訪れて、胸の辺りからネガティブエネルギーを一瞬でクリアリングしてくれました。このように、みなさんが三次元で受けているエネルギーの悪影響は、ＥＴが持っている高次元のエネルギーとつながっていれば簡単に解消することができます。

四次元アストラルの迂回

四次元アストラルでは、さらにその中を波動の高さによって、「ロー」(低層)、

「ミドル」（中間層）、「アッパー」（上層）の三層に分けることができます。この中で、みなさんが最もつながりやすいのは、三次元の波動に近い低層アストラルの方になります。この低層アストラルは、迷子霊や地縛霊などが成仏できずにさまよい歩いているような世界です。私は瞑想をしている最中にこの場所とつながってしまい、怖い思いをしたという人にも過去に出会ったことがありました。

これまでのスピリチュアル業界では、チャネリングなどのテクニックによって高次元からダイレクトにメッセージを受け取る方法が主流でした。ですが、チャネリングを行っている本人が気付いていないうちに、四次元アストラルの低級存在とつながりを持ってしまい、そのせいで間違った情報が人々に伝わっているようなケースがよくありました。四次元とつながって得た情報は、大抵は外の世界との認識と間に誤差が生じているものです。それとは逆に、

CE-5コンタクトで内面的に受け取った情報は、その後に、外の世界でも知覚的な現象として認識できることが確認できています。

地球にいるみなさんが、自分でエネルギー波動を高めるようなトレーニングを重ねていくと、やがては五次元以上の高次元宇宙ともつながりが持てるようになります。また、五次元にいるETは、それよりも下位の次元の低級霊とは異なる波動のタイプを持っています。

みなさんが、一度でも自分の力で高次元存在との交信に成功すれば、その後に再び四次元存在とつながると、これは低次元波動だというのが手に取るように分かっていくでしょう。それはまるで富士山の八合目に立って、下から登ってきている人を見下ろしているような感覚です。

ただし、四次元アストラルとつながりを持っているヒーラーやエネルギーワーカー、またはスピリチュアル能力を横暴してダークサイド側のテクニックを利用しているトワイライトマスターの中には、「四次元は人間界よりも素晴らしい次元ですよ」と語っている人もいるでしょう。確かに四次元というのは、三次元よりも上の次元ですが、それでもまだその場所には多くの混乱が残っています。

みなさんが目指していく方向性としては、偽光界とつながりのある施術者のワークを受けることをすぐに辞めて、自らのエネルギー波動を高めて高次元宇宙とのダイレクトにつながっていくことです。つまり、高次元エネルギーへのアクセスのために、他人のエネルギーを〝仲介手数料〟として奪い取ってしまう人は、未来の地球では必要なくなります。

では、今はまだ偽光界とのつながりを持っているエネルギーワーカーが、どこかで一斉に〝お役御免〟となってしまうかといえば、私は必ずしもそうなるとは言いません。なぜなら、彼らも上の世界とのチャンネルを切り替えていけば、五次元以上の高次元宇宙ともつながりが持てるようになるからです。

私が、この章でみなさんにお話ししたのは空間論ですから、三次元の発想を超えて明確なイメージをしていくのはきっと難しいでしょう。ですが、五次元以上のレベルと交信しているスターシードはすでに大勢いますので、みなさんが彼らの後に続いていくことは不可能ではないということを保証しておきます。

四次元の光はフォルス・ライト

四次元アストラルの仕組みについては、これまではあまりオープンには語られてきませんでしたから、みなさんがここで初めて耳にするような情報もたくさんあるでしょう。この本で私がお伝えしている情報は、みなさんの恐怖心をあおるために話すのではなくて、あくまでこの世の真実として語っています。これらの情報は、ぜひみなさんが精神的により高い成長を遂げるために役立ててください。

まずは四次元アストラルの偽光界に、なぜ多くの人が迷い込んでしまうのかということについて説明します。その理由は、やはりこの場所にはみなさんが「神の領域だ」と勘違いしてしまうような巧妙なトリックが仕掛けられているからです。

偽光界にある光のことを、英語では《フォルス・ライト》といいます。それは、身近な例でいえば、あまりに高価な値段で販売されているスピリチュアルグッズや、間違った教えを広めている講演会やセミナーなどで体感できるものです。あなたが一度でもこの光を体験すれば、きっと想像以上に眩しい輝きに驚くことでしょう。

《フォルス・ライト》とは、地球人にとっては、神々しい光のカーテンのように感じられるものです。その光にフワリと包まれると、まばゆい輝きが壁となって妨害し、それ以上先の次元には進めなくなってしまいます。ですが、この《フォルス・ライト》は、実際にはまだ《霊気》のレベルのエネルギーに留まっているものですから、高次元の《神気》のエネルギーとは似ても似つかないものです。

海外で詐欺師が常習している手口に、「ハーフ・トゥルース」と呼ばれているテクニックがあります。これは、詐欺を行う相手に対して先に半分だけ事実を見せておき、「これが全ての真実ですよ」と、相手を信じ込ませてしまう手法です。偽光界でもこのテクニックと同様に、相手に半分だけ真実を明らかにして、残りの都合の悪いところは偽物の光で覆い隠してしまうようなところがあります。

もし、その《フォルス・ライト》の体験者が、高次元アクセスのできるスターシードであれば、そこにある光が偽物でしかないというのは、斜め目線から容易に気付くことができるものです。この時、スターシードは偽光界と五次元にある波動の違いを識別して、四次元の光が《フォルス・ライト》であるという判断を下しています。

また、偽光界にいる低級存在は、顔はニコニコと愛想のいいふりをして、甘い言葉をささやきながらあなたを誘惑してきます。あるいは、低級存在があなたの憎悪や恐怖心をかき立てようと、感情をコントロールしてくることもあります。

彼らの笑顔の裏側には「この人間を騙してやろう」という思いがありますから、その誘惑にあっさりと乗ってはいけません。また、いくら人を騙すのが上手な低級存在でも、自分の持っているエネルギーの波動まではコントロールはできませんから、みなさんは偽光界のエネルギーを識別できるようにトレーニングして、三次元に紛れ込んでいる低級存在の正体をはっきりと見破っていかなければなりません。

スピリチュアル業界のセミナーでは、人々にアセンションを体験させないために、わざと《フォルス・ライト》を使って参加者を騙し、グループの輪の中にいつまでも囲い込んでおくというような悪質行為もよく見られます。それは単に主催者側の画策によるものであり、〝参加者を何度もセミナーに通わせた方が、お金が儲かるから〟という理由で行われています。

ただし、そのような悪質行為を行っているグループこそが素晴らしいと、参加者が勘違いしてしまうような秘密があります。それは、みなさんのチャクラに関係がありますが、胸の位置にある「ハートチャクラ」を開いていくと、人は大きな意識のシフトを体験することになります。さらにその後、人々に何が起きるかといえば、偽光界にある《フォルス・ライト》と同じようなまばゆい光のエネルギーが、一気に自分へ押し寄せてくるような感覚が味わえるのです。

それはまるで、夢のようにフワフワとしている心地いい感覚です。ただし、それはまだ〝半覚醒〟と言えるような状態でしかありませんが、その状態を、多くの人がアセンションの最終ゴールだと思い込んでしまいます。この現象は、特にアマチュアのレベルになるほど生じやすいのです。

それは、もちろんアセンションなどではなく、その先には、さらに深みのある意識の目覚めというものが用意されています。また、スピリチュアル業界では、人々が「癒し」や「リラクゼーション」を求めていく傾向がありますが、それらには潜在能力を眠らせてしまう作用があるため、覚醒のためにはかえって逆効果になります。

このように複雑なエネルギーの仕組みについて、あなたが理解できるようになれば、四次元の《フォルス・ライト》に惑わされることはもはや無くなるでしょう。

エネルギーのパラサイト

四次元アストラル界のエネルギー的なジャングルの一つに、低級存在によって行われているパラサイト行為というものがあります。第二章では、イギリスのストーンヘンジには、パラサイト行為によって奪われた人の生命エネルギーが集められているとお伝えしましたが、その他に地球でよく見られるパラサイト行為としては、人の生命エネルギーを求めてさまよい歩いている「エナジーバンパイア」の存在が見られます。彼らは、エネルギーは基本的に他者から奪って許されるものだと考えており、その強奪的な行為は〝宇宙犯罪〟と呼んでもおかしくないほどのレベルです。このエナジーバンパイアの強奪行為は、彼らとソースとのつながりが途切れてしまい、他者からエネルギーという〝エサ〟を獲る必要があるために行っていることです。一方、人の想念そのものが意識を持つようになり、低級存在のようにネガティブに動き出してしまうような現象も見られます。

サイキックの世界でも、電車で見られる痴漢犯罪のように、無防備な人に狙いを定めて不意打ちでエネルギーを奪い去るような行為が見られます。または、バリ島で伝統的に行われているブラックマジックのように、他者にエネルギー攻撃を仕掛ける「サイキックアタック」という行為もあります。これは昔からあるテクニックですが、現代では政府や軍が装置を使って同じようなマインドコントロールを人に行うことも可能になりました。

私は、人間同士にもこのようなエネルギーの奪い合いがあると知ってからは、〝地球人はよくぞこの世界を生き抜いてきたな〟と、人の素晴らしさに感動してしまいました。

今のはちょっとしたジョークですが、本書では、みなさんが今後、三次元でのエネルギートラブルを回避していくためにも役立つようなアドバイスを提案していきます。私もかねてより《ホログラム・マインド》を身につけていく中で、この世界には、実に多くのパラサイト行為があるということを実感してきました。ここでは、みなさんにとって参考になるようなパラサイトの例をいくつかご紹介しておきましょう。

恐らくは、ほとんどの方が「悪魔祓い」と呼ばれている欧米のエクソシストについては、耳にしたことがあると思います。このエクソシストをはじめ、霊的なエネルギーを取り扱っている職業の中には、パラサイト行為を行っている人の割合が他より多いものです。または、東洋医学の気功師のように、エネルギーについて専門知識があり、扱い慣れている人の場合には、ふとしたきっかけから、「他人のエネルギーをコントロールして遊んでみよう」という気持ちが起こりやすくなります。

ですが、彼らの中にはもちろん、その道のプロとしてエネルギーワークを志している人々もいますから、エネルギーの扱いに慣れていれば、誰でもネガティブな方向に逸れてしまうとは言えません。ですが、私がここでお伝えしておきたいのは、エネルギーを扱う職業とは、本人が強い意思を持っていない限り白から黒へと転じやすいものだということです。

一方で、低級存在が背後に貼りついたまま、人の意識を自由に操っていくような「オーバーシャドウ」という憑依行動を見かけることがあります。オーバーシャドウの分かりやすい例としては、芸能界で「オセロ」のメンバーである中島知子さんが、霊能者に洗脳されてしまうという騒動がありました。これは個人的な憑依行動になりますが、ある時には、オーバーシャドウの力によって一国の政治情勢までもが動かされていた例もあります。

また、パラサイト行為とは異なりますが、講演会などの人が多く集まる場所では、大事な話を遮るためにわざと、パシッ、パシッという大きな音を立てて、妨害が行われていることもあります。それは人の手を使って音を発生させているわけではなく、多くは秘密結社に伝達されている「エソテリック」(秘儀)などを用いて行われています。または、自分の手を使ってエネルギーを操り、人々の中の因縁を引き出していく気功的なトリックも四次元レベルでよく使われていることになります。

私が行っているＪＣＥＴＩのセミナーでも、過去に何度かそのような妨害に遭遇したことがありました。ネガティブな音には、人の思考を直ちに停止させてしまうような強いエネルギー作用がありますので、妨害を受けた側は、音のために一時的なショック状態に陥ってしまうのです。

また、私がこの本のインタビューを受けている最中にも、重要なテーマについて話すタイミングで、わざとレストランのウェイトレスがガチャガチャと大きな音を立てていました。私は、あの妨害行為もネガティブな四次元存在によって起こされているのだと感じています。

エネルギーの痴漢犯罪――パワーとフォースの違いを知る

みなさんが、普段からエネルギーワークを実践していると、それに伴って身体のエネルギー波動のレベルもどんどん上昇していきます。そのように自分の意志でエネルギーレベルを上昇させようとするのはいいことですが、その一方で、波動とは逆にモラリティが低下してしまうケースも珍しくはありません。

私自身が過去に見た例としては、〝相手には頼まれていないのに情報を勝手に読み取ってしまった〟とか、〝ふとした瞬間に他人からエネルギーを奪ってしまった〟というようなことがありました。

『トロン：レガシー』というSFアクション映画では、登場人物の背中にハードディスクのようなものが装着されていましたが、三次元の世界に生きているみなさんの背中にも、同じ場所に「風門《ふうもん》」という名前の霊的な入り口がセットされています。また、この場所のことを、アセンション用語では「ネイディアル・コンプレックス」と呼んでいます。

風門には、ハードディスクに情報をインプットするように、その人物に関するプロフィール的な情報が保存されています。そのデータは、人類が三次元

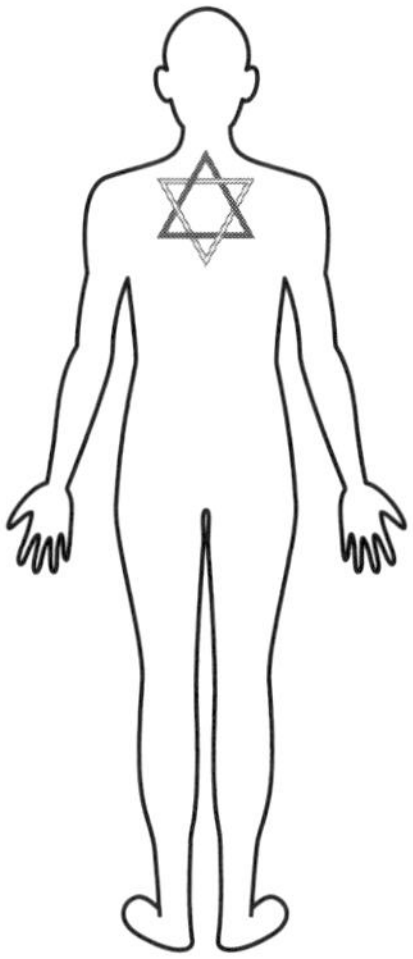

もう一つの呼び方は、「ネディアル・コントロール・パネル」です。ハート・チャクラの裏側にある大切なエネルギーセンターです。四次元アストラル界から神経回路と頭脳に情報を流通しています。

で生存していくためには無くてはならないほど大事なものですが、四次元の低級存在が人に許可を取らずに、勝手にデータにアクセスしてしまい、知識や才能を盗み取るような悪質行為が頻発しています。

そこで、みなさんが、そのような痴漢犯罪から自分の身を守るためにはどうすればいいのかといえば、まずは低級存在によるパラサイト行為がどのような仕組みで起きているか、明確に頭で理解しておかなければなりません。あるいは、それらの行為が常に異次元存在によって起こされているとは限りませんから、人が人に対して行っているスピリチュアル能力の横暴についても警戒しておくべきでしょう。

一般的に、エネルギーワーカーが他者に対してエネルギーを使う時には、それが人へのサポートになるか、それとも痴漢行為になるかという違いについては、〝パワーとフォース〟という力の方向性が関係しています。

〝パワー〟というのは、自らが他者をけん引していくポジティブな力のことですが、一方で、〝フォース〟というのは、エネルギーを他人に対して無理矢理に押し付けてしまうようなネガティブな力のことになります。

私が、この本で提唱している《ホログラム・マインド》には、〝世の中にいる全ての人が、自由意思で物事を選択していく〟という基本ルールがあります。それは、たとえどんな状況であろうと、あなたが本来なら自由意志で選択できるものが、他者によって強制されることがあってはならないという意味です。また、「STS」（SERVICE TO SELF／自分への奉仕）と「STO」（SERVICE TO OTHERS／他人への奉仕）という二つの考え方においては、あなたが自分の能力を使って他人をサポートし、全ての人類が共存共栄していくという「STO」の考え方を優先されなければなりません。

道教のシンボルマークとして有名な、この世に存在している陰と陽を表した「太極図《たいきょくず》」には、勾玉のような白い部分の中に、小さな黒い点が描かれています。それは光の中にある闇の部分を意味しており、〝光の中にいても闇を受け入れる〟という教えについて伝えているものになります。つまり、陰陽説では〝光があれば闇もある〟というのが自然の摂理であり、四次元アストラルが示しているような〝愛と光だけしかない世界〟というのは、所詮は偽物ということになります。

太極図が示しているのは、「完全なる光の状態とは、闇を意識する部分も必要だ」という自然の摂理である。

エネルギー的な憑依を自覚する

　ここまで、低級存在によるパラサイト行為についていくつかの例を挙げてきましたが、実は、私自身も過去にパラサイトを行う加害者になったことがありました。

　当時の私はまだ小学生で、両親と一緒にバスケットボールの試合を観戦していました。その試合中に、私の味方チームのゴールに、敵がショットを打とうとするタイミングで、私が「ワーッ！」と大声を出すと、ボールを手にしていたプレイヤーが一瞬ひるんだのが分かりました。その様子を見ていた私は、たとえ自分がプレイヤーから遠く離れた観覧席にいても、相手の気を逸らすことは簡単にできるのだと分かりました。ただし、その時には私の悪巧みに気付いた両親から、「いたずらをするのは止めなさい」と注意を受けましたので、それ以上大声を出すことはありませんでしたが。

このように、ネガティブな波動のエネルギーを利用して他人の心理に影響を与えるコントロールというのは、小さな子供でも簡単に実行できることになります。

また、現在のスピリチュアル業界では、残念ながら高次元世界とのつながりを営利目的で悪用している人がいますが、彼らがクライアントのエネルギーをネガティブな方向に動かし、人々から高額な相談料を巻き上げるような行為は、モラルの観点から見ても見逃すことはできません。さらに、これは宇宙にある《一なるものの法則》にも従ってはいないのです。エネルギーの使い方について熟知している人であれば、それについては、一般人以上にモラルを持って行動していくべきでしょう。

低級存在が行っているパラサイトの怖い点とは、あなたの会社の上司のように、日常的に自分と関わりのある人物の中にもこっそり憑依しているケースがあることです。四次元の存在というのは、周りの人が気付かないうちにスッと入り込んできて、「何かおかしいな」と勘付いた頃には逃げ出していますので、本当にずる賢いものだと感心します。基本的に、プレデターが自分自身について「私は闇です」と言うことはありません。彼らは、「光の存在」や「天使」などの言葉を使って人を安心させ、いつまでも自分の顧客をグループに囲い込もうとするのです。

2012年から地球の周波数が大きくシフトしたことが影響して、みなさんの周りにも、これまでには見えなかった次元の世界が見えるようになりました。時には、あなたが四次元アストラルとつながってネガティブな発見をすることもあるでしょうが、いつまでもそこに捉われている必要はありませんから、あなたは四次元よりも高い意識レベルを目指して進んで行くべきです。現在の地球では、以前よりもはるかに人の意識が高次元宇宙とつながりやすくなっています。

次の章では、みなさんが低次元の存在から身を守るためのテクニックについて、具体的なエクササイズを紹介していきます。それは、私がこれまでに何度かお伝えしてきた「セルフマスタリー」と呼ばれる意識コントロールによって行う自己防衛術になります。

Chapter

5

セルフマスタリーとクリアリング

意識の筋トレとセルフマスタリー

私は、自分の人生のある時期から、三次元で宇宙意識とつながりを持つ方法を広めていくための活動をスタートしましたが、いざその活動に専念してみると、それが最初に思っていたほど簡単なものではないということが分かりました。

なぜなら、私が本物の光とは何かについて人々に教えようとすれば、自分たちの見せている光が偽物だとばれてしまうのを怖れた闇の勢力が、予想もしていないトラブルを起こしてきたからです。

ですが、私がそのような経験を何度か重ねていくうちに、自分にとって大切なのは、ネガティブな闇の存在を倒すことではなく、自分自身がいかに周りの影響を受けずにニュートラルでいられるかということだと理解できるようになりました。

そして、私自身が宇宙とつながりを持つ中で身につけていったことは、自分の周囲にあるエネルギーフィールドを他者のものとはっきり区分して、本来は自分のものではない感情に惑わされずに自分だけの空間を保持していくという「セルフマスタリー」のテクニックでした。

三次元に住んでいるみなさんが、セルフマスタリーのテクニックを自力で身につけていくためには、「意識の筋トレ」と呼べるようなトレーニング方法を、日常生活から実践していくことが必要になります。そのトレーニングの一つ目は、コンタクトワークを通じてＥＴとつながっていくプロセスの中に秘密が隠されています。

私が主催しているＪＣＥＴＩでは、参加者のみなさんと自然の中に出掛けていき、アセンションをサポートしているETたちと、友好的なつながりを育むための交信イベントを定期的に開催しています。そのイベントの最中には、参加者が歓声を上げるほど、夜空にたくさんの宇宙船が現れてくることもありますが、その時の私は、自分の皮膚やオーラで宇宙エネルギーとのつながりを深く感じています。

ホログラムワークでは、オーラまで含めた人の肉体というのは、エネルギーを読み取るためのセンサー的な役目を果たしていると考えます。ですから、人が宇宙船と遭遇して宇宙にある高次元エネルギーとつながっていくことができれば、それにつれて肉体はもちろん、意識までも宇宙とつなげて活性化させていくことができるのです。

また、意識の筋トレの二つ目は、コンタクトワークの現場ではなく、日常生活でも実践していくことができます。それは、自分の身体の周囲に取り巻いているエネルギーフィールドを、宇宙意識を使ってクリアリングしていくというエクササイズです。

その具体的な方法については、この章の最後に手順をお伝えしていきますが、みなさんが毎日歯を磨いたり、トイレの後に手を洗ったりするのと同じように、〝身体にエネルギー的な乱れがあれば、すぐにその場で浄化する〟という考え方が主体になっています。ですので、みなさんの職業がエネルギーワーカーでなくても、このエクササイズは地球にいる全員が毎日実践していて当然のことなのです。

もし、みなさんが自分のエネルギーフィールドをクリアな状態に保つことができなければ、朝の満員電車に乗った時などに周囲の人のイライラした波動とすぐにつながってしまうでしょう。全ての生命体は見えない所でつながっていますから、他人の影響で感情が乱れてしまう体験というのはいつ何処にいても起こり得ることです。

自分の空間ををプログラミングする

みなさんがご存知の通り、人間の意識というものは目には見えませんから、もし、あなたが意識を鍛えるトレーニングを行っていても、「何か変化は起きているのかな」という感覚であまり体感はありません。

ですが、私がETから受け取った情報によれば、ETには人の意識が物体のようにプカプカと宙に浮かんで見えているのだそうです。ですから、みなさんが自分の意識をコントロールしていけば、そのイメージを視覚的にもETに伝達していくことができます。

また、みなさんの意識には、想像以上に現実を引き寄せる力が備わっています。それはあなた自身が、その現実を引き寄せたいと思っているのかどうかというのは関係がありません。たとえば、あなたが幽霊を怖いと思っていれば、意識のチャンネルが「幽霊」という物質に合っているためにかえって幽霊と出会いやすくなってしまうのです。

一方で、あなたが普段から高次元存在と出会っている自分をイメージしていれば、私と同じように不思議なシンクロニシティに導かれて、アセンション・ガイドになるという未来を手元に引き寄せることも充分に可能です。ただし、みなさんがその精神レベルに到達するまでには、手前に通過していかなければならない試練もたくさんあります。

私が、大学を卒業してから一年間、ロサンゼルスでアルバイトをしていたレコード屋では、毎日多くのお客さんが出入りしては、「このＣＤを探していたんだよ」と言って、誰もが喜んでCDを買っていきました。彼らの中には、曲のタイトルすら知らなかったのに、棚にある商品を手に取ってみると、それが偶然に欲しいCDだったというような奇跡を起こしている人もいました。

意識による引き寄せ力というのは、このように人が意識のピントをある物質と合わせることによって、その周波数と同調して起きているものです。ですから、あなたが自分の将来についてクヨクヨと悩んでいれば、イメージ通りの悪い未来を手元に引き寄せてしまう確率が高くなります。

意識には、そのような強い力の作用が備わっていますが、もし、みなさんがセルフマスタリーの意識コントロールで空間を仕切っていなければ、現実的にも悪影響が起きてくるということについて説明しておきましょう。私はこれについて、いつもタバコの話を例にお話しししています。

みなさんが、カフェの喫煙スペースに座っていると、自分の洋服や髪の毛にタバコの臭いが付いてしまうことがあります。それと全く同様に、自分の近くにどこか機嫌の悪そうな人が近づいて来ると、その人が放出しているマイナスエネルギーが、たとえ意識していなくてもオーラの中に吸収されてしまいます。

または、私が街へ出かけると、ネガティブな波動エネルギーが、まるで雲のようにぷかぷかと空中に浮かんでいるのを見かけます。私はそれを「アストラルゴミ」と呼んでいますが、みな

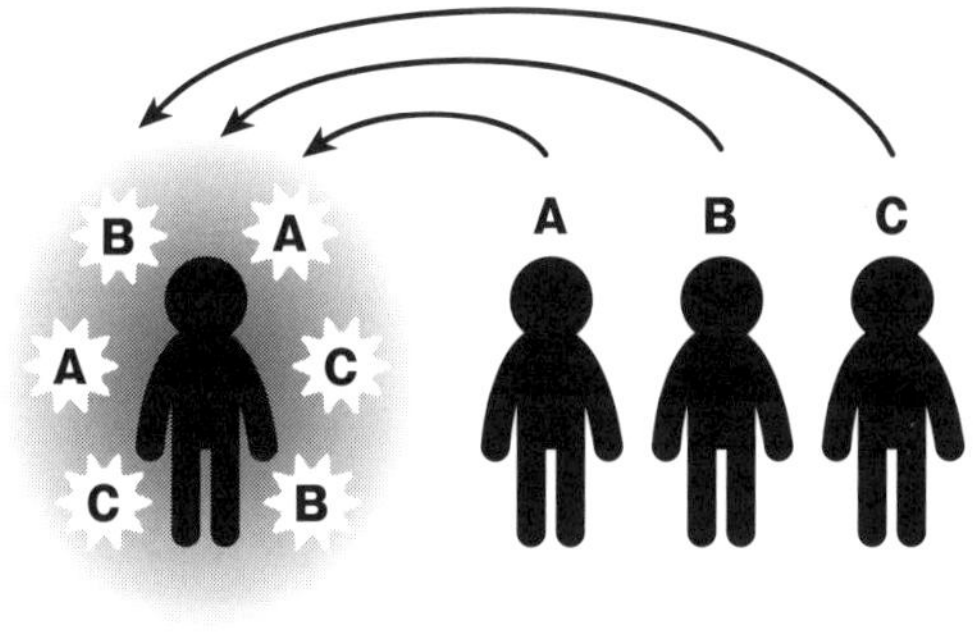

人の放出したエネルギー波動は、人体の周りのエネルギーボディを通じて、身近な人に影響を及ぼしている。

さんがいつも身の回りの空間をコマンドしていなければ、その外部のアストラルゴミからも無用な影響を受けてしまいます。または、犯罪や事故の現場のように邪気が溜まりやすい場所では、特に意識を集中させて空間をコマンドし、クリアリング作業を行っていなければなりません。

私が先ほどお話したレコード屋では、同僚のスタッフの中に、いつも忙しさで慌てている男性がひとりいました。本人には悪気があるわけではありませ

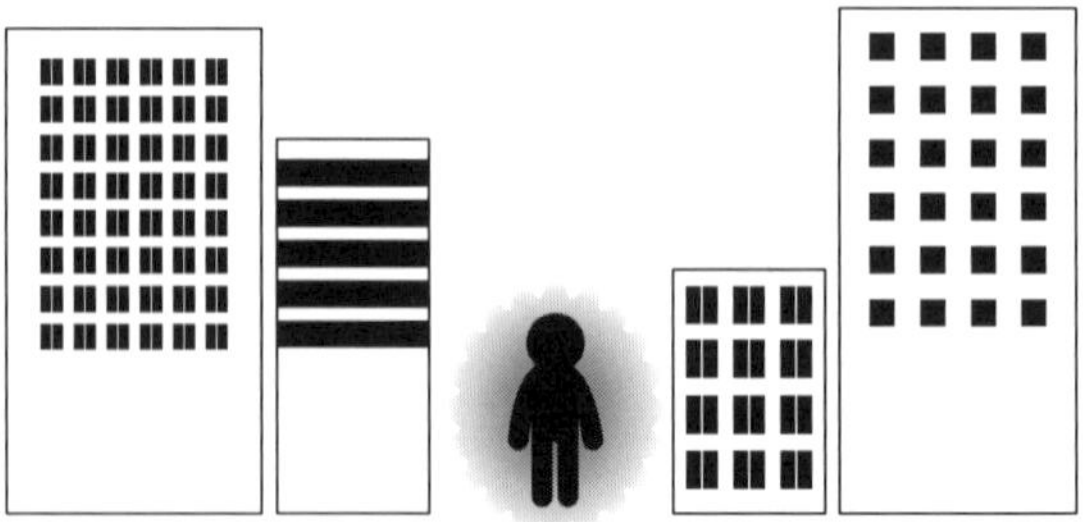

都会に住んでいる人ほど、街の発しているネガティブ・エネルギーの影響を受けやすい。

んでしたが、彼の取り乱した行動は周りにとっては迷惑でしかありませんでした。

そしてある日、私が仕事を終えて別の友人に会いに行くと、その友人に「あなたは、今日はなぜソワソワしているの？ もう少し落ち着いたらどう？」と、声をかけられました。

この時の私は、明らかに彼のマイナスエネルギーの影響を受けていたのです。なぜなら、身体にあるモーターがフル回転しているような感覚で、自分

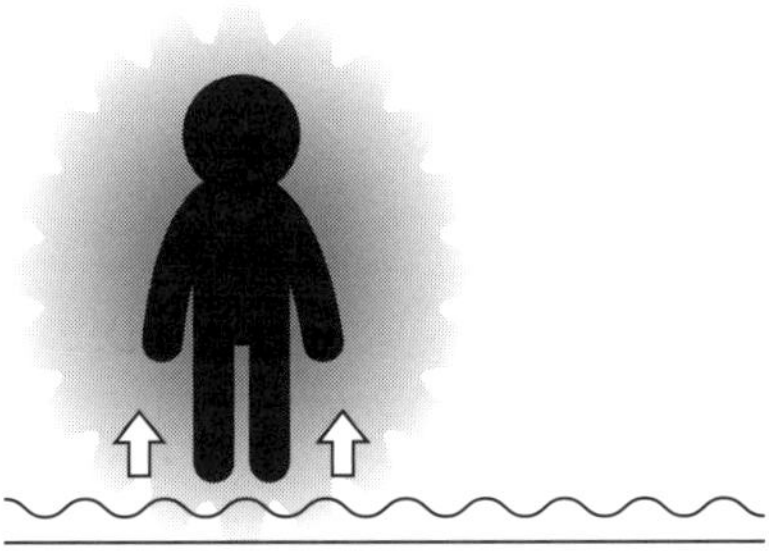

植物と同じように、人も地面から生命エネルギーを受け取って生きている。

の力ではどうにも抑えることができませんでしたから。ですが、このような外部からの感情の影響も、みなさんが空間をコマンドしてクリアリングすることで防御ができます。

人体のエネルギーボディの活性化

人体の周りには、いくつもの層に分かれた「エネルギーボディ」という光の意識層が存在しています。これは、通常なら三次元の人の目に見えるものではありませんが、私たちの身体には、まるで玉ねぎのように何重にもエネルギーの層が取り囲んでいます。また、このエネルギーボディは、別名で「オーラ」とも呼ばれています。

エネルギーボディには、その人が生まれてから大人になるまでに体験した出来事が「情報」として記憶されています。そのため、ＥＴが宇宙から人を見る時には、私たちの肉体ではなくてエネルギーボディの方に残された「情報」を主に読み込んでいます。

それには、あなたの子供の頃の体験や前世から抱えているトラウマなども含まれています。ＥＴたちは、あなたが過去に自分の心の中で何を思っていたのかというようなことさえも鮮明に読み取ることができるのです。

つまり、人間のエネルギーボディというのは、ＥＴコンタクティにとっては高次元宇宙とつながりを持つために欠かせない交信手段となります。ですが、三次元に住んでいる人の多くは、エネルギーの構造システムが麻痺していますから、今の状態のままで高次元宇宙とつながっても、五次元以上の繊細な波動のエネルギーを感じることができません。

そこで、みなさんが自分のエネルギーボディを通じて、再び宇宙とつながりを取り戻していくには、やはり意識の筋トレを行いながら、その場所をしっかりと強化していくことが必要でしょう。

または、みなさんがクリアリングなどのエクササイズを行っていき、その中に蓄積されているマイナスエネルギーを常に浄化しておくというプロセスも大切です。人のエネルギーボディには、先祖から受け継いできたカルマや、赤ん坊の頃に、母親の子宮から出て来る際に受けた「バーストラウマ」などのマイナス情報が、多くの場合には何も処理されないままで長年蓄積されています。また、古代からのトラウマや民族間のサバイバル反応など、人類全体に対しての浄化が必要な情報もあります。

もし、みなさんがこれらのマイナスエネルギーをクリアリングせずに放置しておけば、それがやがてはエネルギー障害につながり、身体に原因不明の病気などが起こりやすくなってしまうでしょう。特に現代の日本社会では、不安感やストレスなどのエネルギーを抱えている人が多くいるため、クリアリングワークを誰もが必要としているのです。

サイキック・セルフ・ディフェンス（PSD）

アセンション・ガイドとしての活動の中で、私がある時に気付いたのは、この世界には光とは逆のダークサイドの存在があるということでした。さらに、私がこの情報を詳しく突き詰めていくと、闇側が行っている行為というのは、映画『スター・ウォーズ』の内容にそっくりでしたから、〝そんなことが現実に起きているのだろうか〞と、私も当初はその情報を信じることができませんでした。

ですが、その後に自分でもネガティブな体験を重ねていくことになり、「サイキック・セルフ・ディフェンス」（ＰＳＤ）――つまり、ダークサイドから身を守るための意識的な防衛術を予め身につけておくことが重要なのだと理解しました。

ダークサイドが地球人に行っている攻撃とは、単に外部から与える身体的なダメージだけではありません。高次元のネガティブ存在は、みなさんが思うよりも鋭く高度なテクニックを用いて、人の内面をえぐり出すような攻撃を仕掛けてきます。

その方法は、たとえばあなたが心に抱えている不安感や恐怖心などを利用して行われています。あるいは、前世から受け継いできたカルマやトラウマを、無理矢理に表へ引きずり出されていくようなケースもあります。いずれにせよ、ネガティブな低級存在は、その人が持っている弱点を見つけて上手く利用していくのが得意なのです。

今、私がみなさんにお話したことは、一般人よりもスターシードの方が多く体験していることになりますが、読者のみなさんの中で、〝私はスターシードじゃない〟と思っている人も、日頃からPSDを意識していざという時のために備えておくべきでしょう。

「魔除けに結界を張る」というのは、古来の日本でも行われていたことになりますが、高次元パワーを用いたPSDというのは、昔の結界よりもはるかに先鋭的であり、ホログラムワークでは、セルフマスタリーのテクニックの一つとして活用させることができます。

みなさんが、セルフマスタリーで周囲のエネルギーフィールドを管理しておけば、まず、ネガティブ存在が内部へ侵入してくることを未然に防げるようになります。それに、たとえ彼らに中に入り込まれても、鏡のように反射して跳ね返していけるようになるのです。

さらに、あなたが「スーパー人間」のレベルになれば、自分のエネルギーフィールドの壁が、相手を跳ね返している音すら聞こえるようになるでしょう。または、目に見えないネガティブ存在を融合して癒しを与えていく作業により、あなたが地球の将来に貢献していくことにもつながります。

セルフマスタリーの実践には、この方法さえ行っていれば大丈夫というような唯一のテクニックがあるわけではありません。そのための基本のステップとして、まずは自分自身の中にある恐怖心を乗り越えていくことが一つ目になります。次のステップでは、あなたが常にエネルギーがクリアな状態でいて、高次元意識とのやり取りができること。そして、最後に、宇宙にある《一なるものの法則》に従って生きることが総合的にできるようになれば、ようやく三次元世界でセルフマスタリーを体現していることになります。

宇宙にある《一なるものの法則》とは、アメリカで、ドン・エルキンズらの結成したグループが、一万一千年後の宇宙生命体「ラー」と交信して得たというチャネリング情報です。それについては、『ラー文書』（ナチュラルスピリット刊）という本の中に詳しく書かれていますが、これは三次元のチャネリング情報の中では、充分に信頼性のある内容だといえます。

この《一なるものの法則》では、全ての生命体に自由選択権があり、一人ひとりの人間が独自の道を歩むために生きているという前提ルールが設けられています。これまでの地球社会では、権力者が人々に強制的にルールを押し付けてきたという闇の歴史がありましたが、そのように他者の選択自由を奪い取ってしまうことは、宇宙が人に本来望んでいる生き方とはまるで異なります。

現在の地球社会では一部の権力者による支配制度がまだ残っています。ですが、宇宙の真実のルールに従っていくのであれば、みなさんが自分で選んだ道を歩んで、社会の中でもセルフマスタリーを体現していくことが望ましい生き方になるのです。

ハイアー・センサリー・パーセプション（HSP）

みなさんが、三次元に暮らしながら高次元メッセージにも目を向けていくと、これまでには気付かなかった異次元現象に敏感に気付くことができるようになります。霊的視力とは、普通の視力にプラスして、額の中心にある「サードアイ」（第三の目）の視力を加えた物の見方をいいますが、みなさんがこの視力を鍛えていくと、人のオーラや宇宙的存在そのものが見えるようになります。

また、そのようなトレーニングを重ねていくことにより、あなたの知覚が研ぎ澄まされていき、今度は「ハイアー・センサリー・パーセプション」（ＨＳＰ）という能力が目覚めていきます。ここでお話しするＨＳＰとは、宇宙意識から目覚めてくる超感覚能力のことで、これまでに別の場所で語られてきたＨＳＰとは少し意味合いが異なります。

ホログラムワークにおけるＨＳＰとは、人の視覚や聴覚が他人よりも一歩前に出ているような感覚のことをいいます。私の場合には、メールを受信する前に相手の顔がパッと思い浮かぶなど、自分の未来に対して先読みをすることが増えました。または、本を読んでいる時にも、いつも自分に必要なページを的確に開くことができます。HSPとは、このように誰もが日常生活でも活用していける能力です。

みなさんは、自分がHSP能力を持っているという自覚はすでにあるでしょうか？

たとえ今はその認識がなくても、HSPとは人生で誰でも一度は体験したことのある能力なのです。

たとえば、あなたが初対面の人と出会った時には、「この人とは相性が良さそうだ」というのは何となく雰囲気で読み取れるでしょう。これは、あなたと相手のオーラが触れ合うことで情報交換をして起こりますが、このようにして、ただ「何となく感じる」という感覚が、人に生まれつき備わっているHSP能力です。また、あなたがHSPを磨くことによって判断力も増していくため、自分の人生で正しい道を選択して、真実の魂の道を歩むことができます。

一方、HSPには、テレパシーを使いながら他人と会話する能力も含まれています。三次元でのテレパシーのイメージとは、一般的に心を通じて伝え合うものですが、HSPのテレパシーでは、心よりも意識の方が大きな役割を担っています。そのため、あなたが自分の意識を脳やハートの領域にまで拡大すれば、本来の潜在能力として備わっているテレパシー能力を高めていくことも実現可能になります。今回は、その方法まではお伝えしませんが、あなたが意識トレーニングを行うことで、自分の能力を人間のあるべきレベルにまで高めていくことも可能です。

普段の地球人は、宇宙から与えられたメッセージを脳内でフィルタリングして、日常生活に必要な情報だけ取り出すという作業を無意識的に行っています。その例を一つ挙げると、みなさんが騒がしい場所にいる時には、周りの声を自動的に遮断して、自分の話し相手の声だけを聞き取っています。それと同じように、現在では多くの人が宇宙からのメッセージを無意識的に遮断してしまっているようなところがあります。

ですから、あなたが外部情報をフィルタリングする作業とは逆に、脳内にあるフィルターを遡って戻っていくことができれば、「地球での生活には必要ないから」と、無意識的に捨ててしまっていたＨＳＰ能力を取り戻すことができるようになります。

イギリス文芸作家のオルダス・ハクスリーが書いた『知覚の扉』（平凡社ライブラリー刊）という小説では、そのフィルターのことを、〝脳の減量バルブ〟と表現していました。ハクスリーは、ネイティブ・アメリカンの宗教儀式などに使用されるサボテン由来の「メスカリン」という幻覚剤を服用した後に、自分の精神状態がどうなるかというテーマで人体実験を行いました。そして、この体験から彼が得た結論とは、〝人は、自分の周囲にある無数の情報の中から、生存のために必要な情報だけを制限的に選び取っている〟というものでした。もちろん、現代では意識覚醒のためにドラッグを使用してはいけませんが、このように人が知らないうちに捨ててしまっている方に意識のチャンネルを合わせていくと、本来のＨＳＰ能力が目覚めてくるという事実については知っておくべきでしょう。

私のコンタクトワークでも、過去に参加者が意図せず捨ててしまった情報の中に、ＥＴからの大事なメッセージが含まれていたということが何度かありました。ですが、みなさんが高次元とのやり取りを繰り返していけば、そのメッセージの重要性に気付いて、脳内のフィルタリング作業を意識的に中断できるようになります。

宇宙からの大切なメッセージとは、主にファーストインプレッションでやって来ますから、私は自分のイベントの参加者にはコンタクトワークで最初に受け取った情報は必ずメモしておくようにとお伝えしています。たとえ、そのメッセージが影のようにぼんやりとした情報であっても、それこそが宇宙があなたに伝えておきたい真実なのです。

エネルギーフィールドの主体者になる

三次元の世界に生きている人であれば、誰でも一度は周囲の人から悪影響を受けてしまった経験があるでしょう。たとえば、家族と休日を過ごしてリフレッシュしていたのに、月曜日に会社に出勤すると、上司のイライラとした態度に影響されて自分まで落ち着かない気分になってしまうことがあると思います。エンパスの人の場合には、特に他者の感情とつながりやすい性質を持っていますが、あなたが周りから受けている影響は、本来持っている自分の感情とは無関係ですから振り回されてしまっては意味がありません。

人の感情というものは、エネルギーフィールドを通じて常に周囲に影響を及ぼしており、エネルギー的に捉えれば、四次元との空間伝達によって起きている現象になります。サイキックな手法の中には、周囲にある他者の感情をブロックするような手法もありますが、それよりもさらに簡単なのは、「この感情は私のものではありません」と、あなたが心の中で強く意識しておくことになります。

読者のみなさんの中には、〝自分が心で意識するだけでは周りの影響をシャットアウトできない〟と思う人もいるでしょう。しかし、あなたが自分自身の思考を変化させていくことにより、その思考の中には、ゆるぎない芯のようなものが生まれてきます。その芯があるおかげで、あなたの思考は他者の感情や邪念に左右されない確立されたものに変化していくのです。他人からの影響というのは、本来ならそれほどシンプルな方法で回避することができます。

また、人の意識のエネルギーフィールド内では、あなたが具体的なイメージをせずに物事が勝手に起きてくるということはまずありません。ですから、地球の未来に対しても、あなたがアセンションしていく未来を思い描くことにより、自分のエネルギーの方向性を変化させて、将来的にその現象が起きるように調整していくことができます。このように、みなさんが自らのエネルギーフィールドを管理しながら、あるべき思考を取り戻していくというのは《ホログラム・マインド》では欠かすことのできないトレーニング方法になります。

ですから、時には、あなたが自分のエネルギーフィールドに侵入してくる存在に向かって、はっきりと「NO」と言って空間整備していく作業も必要になるでしょう。それに加えて、あなたが個人レベルのHSP能力を伸ばしていくことも欠かせないプロセスです。

宇宙には、あまり良くない目的を持って活動しているETがたくさんいますから、あなたが油断しているとエネルギーフィールド内に無理矢理侵入されてしまうことになります。ですが、その時には自分の意識を明確にコントロールして、「この場所は、私だけの聖なる空間です」と意図しておけば、それだけで有効な防御策になるでしょう。

友好的なＥＴというのは、エネルギーフィールドの管理者の許可なく他者のフィールドに侵入することは基本的にありません。そのため、コンタクトワーク中に自分の感情がニュートラルでいられるかどうかというのは、交信している相手が友好的であるかという判断基準にもつながります。

そして、自分のエネルギーフィールドを管理している人なら、常にニュートラルな状態を保つことができますので、他人と話す時にも適度な距離感があります。私がそのような人と一緒にいる時には、お互いのエネルギーフィールドに一定の間隔があるのを感じますが、むしろそのために気楽に話すことができます。

実は、セルフマスタリーにおいては、他者との共感力というのはあまり重要ではありません。私が行っているセミナーでも、参加者が自分の体験について他人とシェアするよりも、ひとりで静かにエネルギー処理や情報整理をするようにお伝えしています。また、他人と自分の成長の度合いを比べる必要はありませんし、「あの人のように上手く交信できない」というような自己否定も極力避けるべきしょう。

私が、日本に来て最初に感じたのは、多くの人たちが他人と過ごす時間を優先していて、プライベートの時間があまり大事にされていないということでした。

ですが、《ホログラム・マインド》では、それとは逆に、あなたがひとりで過ごす時間こそが人生を豊かにしてくれるという考え方があります。また、あなたがセルフマスタリーで自分の行動に自信を持つことができるようになれば、他人と群れている必要性も次第に無くなっていくでしょう。

空間をプログラミングすると何が起きるか

ここでは、あなたがエネルギーフィールドの主体者になると、現実では何が起きてくるのかということについて、私自身の体験をお話しします。

ある時に、私がワークショップを終えてホテルの部屋へ戻ろうとしていると、停止したエレベーターの中から、予想外に人がパッと飛び出してきたことがありました。私はエレベーターから降りてきた相手のことを見ていませんでしたが、その時は、自分の身体だけが即座に反応して、マインドの力で相手を避けようと意図しなくてもスムーズに相手の身体を避けることができました。このように、セルフマスタリーでエネルギーフィールドを管理していれば、身体的な「超感覚能力」というものが発達していきます。

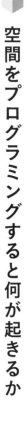

また、それとは別の時にも似たような体験がありました。その日、私は福岡でホログラムワークのセミナーを終えて自宅に戻るために車を運転していました。すると、歩道は赤信号なのに、お婆さんが道を横切っていくのが目に入り、私は「アッ！」と声を出す間もなく目一杯足でブレーキを踏み込みました。その時の感覚というのが、車体とボディが一体になるというか、今までには味わったことがないような不思議な感覚でした。人がこのような感覚を体験する時には、その裏側ではハイアーセルフと自己との融合が起きているのです。またこの時には、細胞レベルのテレパシーも大きく影響しています。

そして後日、その日のワークショップ参加者に自分の体験について話してみると、彼女も私と同じ日にそっくりな体験をしたのだと興奮気味に話してくれました。ただし、彼女の場合には、飛び出し相手が老人ではなく子供だったそうですが、自分の頭で何も考えていなくても身体と脳が即座に反応して、やはり私と同じように車体と自分とが一体になった感覚があったということでした。

このように、人の脳では本来処理しきれないようなスーパースピードで、神経回路が独自の意思を持って動き出すというのは、あなたが宇宙とつながっている意識状態であれば自然と現実に起こり始めてきます。これは実際に味わってみなければ想像できないでしょうが、ジェットコースターに乗るよりもスリリングな体験です。

クリアリングの必要性

私の思うクリアリングの基本概念とは、まずは自分の中で不要なものを捨て去り、それから新しいエネルギーが入ってくるためのスペースを空けておくということになります。

みなさんが神社に参拝する時には、境内に入る前に水で手と口を清めると思います。それと同じく高次元のエネルギークリアリングとは、人が神聖なものとコンタクトを取る度に繰り返し行っていく習慣になります。

また、クリアリングをする理由の一つに、高次元に流れている微細な波動のエネルギーは、エネルギーがクリアな場所でなければ降り立つことができないという性質があります。

私の知り合いでウォークインのリサは、〝アセンションの9割はクリアリングによって起きている〟と話していました。9割というのは、少し大げさに聞こえてしまうかもしれませんが、エネルギーワーカーにとってのクリアリングとは、それほど欠かすことができない重要なプロセスなのです。

ですが、なぜか現在のスピリチュアル業界では、クリアリングの重要性について語っている人があまり多くはありません。これは、クリアリングワークを、ひとりでも多くの人にシェアしていきたいと思っている私にとっては少し残念なことでもあります。

ETコンタクティのジェームズ・ギリランドさんは、数あるスピリチュアル分野の中でも、特にクリアリングワークで多くの実績を出してきています。もちろん私自身も、彼が考案した「空間クリアリング瞑想」というエクササイズを、日頃から自分のトレーニングに取り入れて実践中です。

お風呂に入ってリラックスした状態でクリアリングを行っていくと、ネガティブな波動エネルギーが全身からスーっと抜けていき、「こんなにも心地いい感覚があるだろうか」と、思わず感動してしまうことがあります。ですが、ここでみなさんにお伝えしておきたいのは、この心地いい感覚こそが人が本来あるべきニュートラルな状態だということです。あなたが日常的にクリアリングワークを行っていけば、普段の自分が、どれほど周囲の感情に影響を受けていたのかということについても気付くようになるでしょう。

聖なる融合の実現――男女のエネルギー

みなさんがクリアリングワークを継続していくと、思考的にも今までとは異なった物事の見方ができるようになります。その変化とは、女性が男性（または男性が女性）に対して抱くイメージの中で、特に顕著に生じてくるでしょう。

かつての地球では、女性が男性による支配を受けていたために、男女間のエネルギーバランスがいつも不均衡な状態にありました。そのために地球がマイナス影響を受けて、至る場所で権力者による支配制度や戦争などが起きていました。

2012年以降の地球は、宇宙のサイクルに合わせてアクエリアスの時代に入り、聖なる女性性がバランスを取り戻す時期が到来しました。これから先の未来では、男性性と女性性の融合が、地球が抱えている大きな一つのテーマとして設定されています。また、スターシードが各自のミッションをクリアしていく中でも、様々な男女ペアが作られていくことになるだろうと私は予測しています。

宇宙に導かれている男女ペアのことを、ホログラムワークでは恋愛的なイメージの強い「ソウルメイト」という名称では呼んでいません。なぜなら、人類がこれから目指していく宇宙的な未来では、三次元の恋愛の枠を超えた異性との関わり合いというものが宇宙によって期待されているからです。

また、あなたが自分の魂のミッションを遂行していくためのパートナーとして、ETガイドによってわざと特定の異性に引き合わされていることがあります。その出会いは、あなたが宇宙的なワークを人と協力して行っていくために用意されているものです。

あなたと異性との関係性は、恋愛的なパートナーとして導かれていることがあれば、ただある時期に同じ場所にいればいいというだけの場合もあります。そして大抵の場合は、お互いの役割を果たせば、二人の関係性も自然に終わっていくように設定されています。

そのため、ある異性と出会って恋愛に発展していくような場合でも、そこで二人が永遠に結び付けられるかといえば必ずしもそうなるとは限りません。

むしろ、あるプロジェクトを達成するために二人が宇宙から出会わされていて、プロジェクトが終了すると、共に別の道を歩んでいくという方が宇宙らしい関係だといえます。

また、地球上にいる男女のペアが共にスピリチュアルな目覚めを体験していくと、時には相手に恋をしていると錯覚してしまうようなエネルギー波動が生じてくることがあります。ですが、それはあくまで相手の波動の影響を受けているだけになりますから、みなさんはその相手を運命の人だと安易に思い込まない方がいいでしょう。

ホログラムワークにおけるこのようなパートナーシップの捉え方は、三次元的な恋愛や結婚を求めている人にとっては、少しドライに聞こえてしまうかもしれません。ですが、宇宙的な男女の関わり合いの中では、みなさんが一生を共に過ごしていく運命の人との出会いというのも設定されています。

ただし、その場合でも、単に三次元的な婚姻関係を交わすためだけに、宇宙によって二人の出会いが導かれているのではありません。ホログラムワークでは、パートナーと結ばれた先にもさらに、二人の男女の意識を融合させていくというような学びが設定されているのです。

みなさんにとって理想的なパートナーシップというのは、共に学びを与え合い成長を続けていくような関係性でしょう。宇宙の力によって結びつけられた男女が、お互いの魂のミッションをクリアしながら生きて行くことができれば、二人で力を合わせた時には1足す1が10にも100にもなるような、素晴らしい関係性を築くことができるようになります。

それでは、あなたが自分の人生で理想の人には出会うためにどうすればいいのかといえば、それはやはりクリアリングで自分のエネルギーを整えていくことになります。

みなさんの中には、自分が理想の相手と出会うために、なぜクリアリングが必要なのか理解できない人もいるでしょう。なぜなら、これまでの三次元的な発想では、パートナーと出会うためには、合コンやお見合いパーティーに行けばいいと思われていましたから。

ですが、その〝パートナーは外に出かけて探さなければならない〟という思い込みこそが、現代の地球社会に蔓延している洗脳の一つなのです。その影響を受けて、みなさんが忘れてしまっていることは、〝自分が外側に探しているものはすでに自分の内側にある〟ということになります。つまり、みなさんにとって理想的なパートナーと出会うためには、自分の内面にある男女エネルギーのバランスを整えていくことが鍵になります。

さらに、人がクリアリングで自己のエネルギーを高めていけば、その高い波動のエネルギーにふさわしいパートナーが、自然と自分の手元に引き寄せられてきます。あなたが、その段階に到達できれば、相手との波動がすでにピタリと一致していますから、そこで巡り合ったパートナーとは、トラブルもなく長続きする関係性が築けるようになるでしょう。このように、クリアリングとはみなさんが運命の人を探すためにも有効なテクニックなのです。

エクササイズ1――空間クリアリング瞑想

これから、誰にでも簡単にできる意識トレーニングとして、まずは基本となる「空間クリアリング瞑想」の手順についてお伝えしていきます。

私が、まだ宇宙からメッセージを受け取りはじめたばかりの時には、自分のエネルギー状態がクリアでないために、ガイドからのサインを見過ごしてしまうこともありました。ですが、自分の周囲には同じように高次体験をしている人はいませんでしたから、どうすればいいのかよく分からずに、ひとりでずっと悩み続けているような「ダークナイト・オブ・ザ・ソウル」の期間がしばらく続いていました。

その後、私がアダムス山でジェームズと初対面した時に、彼が話してくれた体験談の中に自分との共通点を多く見出すことができて、「あの体験はそういう意味だったのか」と、その段階でようやく納得できたこともたくさんありました。

ジェームズとは、スピリチュアルワークについても情報をシェアしてきましたが、彼が提供してくれた情報の中でも、私が探し求めていたパズルのピースにぴったり当てはまったのが、彼が自ら編み出したという「空間クリアリング瞑想」のワークでした。

このワークは、人が意識を高次元宇宙とつなげていき、自分の周囲にあるエネルギーフィールドを正常に整えていくためのエクササイズとなります。

これは、非常に強力なサポートとなるテクニックで、四次元界から三次元界に常に影響を与えている「目で見えないマイナスエネルギー」を速やかに解放する宣言です。


『ローズ・メソッド』で有名なローズ・ローズトゥリー先生は、このエクササイズと同様のテクニックを自分のワークの中に取り入れているそうです。ローズ先生は、自分のセミナー参加者に対してもいつもクリアリングを行っているそうで、そのために彼女が長時間のセミナーを終えた後でも、ヘトヘトに疲れてしまう人は誰もいなかったのだとブログには書いてありました。

私自身についても、自分で毎日クリアリングを行うようになってからは、外部からのマイナス影響によってエネルギー負荷を感じることがほとんど無くなりました。

この「マイナスの影響」は驚くほど私たちの感情、思考、行動を無意識以下のレベルで制限し、コントロールしているのです。

クリアリングのエクササイズは、どんな状況に対しても、人を操作しているマイナスエネルギーを浄化してくれる高い効果があります。その方法は、次の文章をみなさんが自分の心の中で唱えるだけという大変シンプルなものです。このエクササイズを自宅で行うのはもちろんですが、スマートフォン等の端末にデータを保存しておいて、外出先で困ったときに行ってもいいでしょう。

それでは、宣言のエクササイズを一緒に練習しましょう。

空間クリアリング瞑想のエクササイズ

「イントロダクション・心構え」

まずは、自分の中に深く入っていきます。目を閉じてリラックスし、自分の呼吸に意識を向けていきましょう。

思考で宇宙とつながるのではなく、ハートで感じて自分の内面とつながっていきましょう。

次に、自分のメインの守護ガイドを意識して呼んでください。

ハートの奥から喜びと愛を感じ、どんな時も自分が祝福されていることを感じましょう。あなたはいつも許されています。あなたはいつも天の聖なる愛と感謝に満たされています。

それでは、これからメインのクリアリングに入ります。

まずは、自分の周囲にいる低次元の霊的存在に向けて宣言するイメージをします。

宣言しながら、彼らが全て愛と光で包み込まれて解放されていくことをイメージしましょう。


「空間クリアリング宣言」


宇宙を創造した神の御名において、あなたがたは癒され、許され、高められ、覚醒したことをお伝えします。

あなたがたは癒され、許され、高められ、そして覚醒することによって天の聖なる光と愛に満たされていきます。

美しく崇高なガイドとマスターたちが、あなたがたを最もふさわしいところへと連れていきます。

さあ、安らぎと平安の中に入っていきましょう。あなたがたが自分を限定している思考形態や執着、アストラルコード、誤った精神的概念、霊的取り決めなどが、解消され、癒され、天の世界へと昇華されていきました。

これからは、全てをあるがままにゆだねてください。

次の魂の旅に愛と感謝の道を進んでください。

あなたが、このクリアリング瞑想を行う時には、文章を頭の中で唱えるか、声に出して読んでいきます。これは単に文章を読むだけでも構いませんが、それと同時にあなたが自分のハートの中でETガイドを意識することができれば、さらに強力な効果が得られるようになります。

また、この文章の中で大事な一文は、「**癒され、許され、高められ、覚醒したことをお伝えします**」という部分です。もし、あなたがクリアリングを行ってみて、まだエネルギーが充分にクリアでないと感じた時には、さらにその箇所を繰り返し読んでみるといいでしょう。

空間クリアリング瞑想とは、みなさんのエネルギーフィールドを、常に美しい状態に保っていくためのテクニックです。あるいは、他人の背後にいるオーバーシャドウを追い払うためにも素晴らしい効果を発揮してくれますので、みなさんはぜひ様々なシーンで空間クリアリング瞑想を活用してみてください。

Chapter 6

ETコンタクトによるヒーリングとインボケーション

宇宙とつながるためのグラウンディング

みなさんが、自力でセルフマスタリーを実践していくための基本として「グラウンディングワーク」があります。「グラウンディング」とは、その言葉通り、あなたが地に足をつけて立っているという意味になります。

宇宙の高次元意識とつながっている人は、どちらかといえばいつも意識が上の方にあって風船のようにフワフワと浮つきやすい傾向にあります。そのため、これは私にも言えることになりますが、意識を地上に紐付けしておくように自分で注意しておかなければ、三次元での生活にも支障が出てきてしまうのです。

宇宙にいるETは、人間よりはるかに拡大した意識を持っている生命体ですが、彼らの意識状態を人間が真似できるかといえば、やはりETと人には身体機能的な違いがあるために難しいといえるでしょう。ETの身体機能は、携帯電話でいえばWi-FiやBluetoothのアプリケーションが予め付加されているような状態です。一方、人間は初期設定のままですからETとは根本的にアクセスできる次元が異なっています。

もし、みなさんが宇宙にいるETと交信して、高次元意識を持つことができるようになれば、胸よりも上部にあるチャクラが活性化していく様子が自分でも分かるようになります。また、その時には、地上とのバランスを取るために自ら意識を下方に下ろしていくように調節しておかなければなりませんが、人間も本来ならその状態でいるのがベストなのです。

ETコンタクティのジェームズが、JCETIのセミナーのために来日した際には、「これは、グラウンディングのために食べるんだ」と言って、レストランで分厚いステーキを注文していました。彼が普段のセミナーで行っているワークでは、テーブルを前後に揺すって、その場にダイレクトに高次元存在を呼びおろしていきますので、彼は他人よりも意識を宇宙につなげている時間が長い分、グラウンディングについては人一倍意識しています。

もし、彼のように宇宙と長時間つながっている人がグラウンディングを怠れば、頭が常にボーっとしてしまい三次元での生活を送ることが難しくなってしまうでしょう。それに加えて体内のエネルギー処理が進まなくなりますから、そのために四次元アストラルとつながってしまい妙な体験をする機会も増えていきます。

また、現在では地球上に銀河の中心からのエネルギーが届くようになりましたが、スターシードがエネルギーのレシーバー役としてエネルギーを地上に降ろして定着させていくためにも、やはりみなさんが日頃からグラウンディングしていくことが欠かせない作業になります。

エネルギー障害

ここでは、2012年から地球に数万年ぶりに届いている銀河の中心のエネルギーについて、みなさんに少し詳しく解説しておきましょう。

マヤ暦が終了した2012年12月に、地球では、惑星単位で大規模なアセンションが起こりました。その当時、惑星アセンションについては世間であまり注目されていませんでしたが、その現象は、実際には人のボディや意識にまで大きな影響を及ぼしていくものでした。なぜなら、地球がアセンションした時期から、地上には「太陽フレア」（太陽の表面付近で起きている爆発現象）のエネルギー波が、猛烈な勢いで押し寄せてくるようになっていたからです。

また、これと同じタイミングで、天の川銀河では「惑星直列」という特徴的な現象が起こりました。そのために銀河の中心にあるエネルギーが、太陽を経由して一直線に地球に降り注ぐようになり、地球でかつては地上にまで到達しなかった銀河のエネルギーを吸収できるようになりました。

一方で、人体では、新しいエネルギーを体内で処理しきれないという問題が発生し、エネルギー障害や原因不明の病気などにかかる人がここ数年のうちに急増してきました。みなさんがこの問題をスムーズに解決していくためには、今後、全ての人類が高次元宇宙とつながりを深めていくための方法を模索していかなければなりません。

オレゴン州のポートランドに住んでいる私の友人は、頭痛治療のためにしばらくの間、鍼灸を受けに通っていました。彼は、その治療を受けた後には、少し症状が改善していたそうですが、その後すぐに頭痛がぶり返してしまうことが何度か続いていました。

そこで、ある日、私が彼にエネルギーヒーリングを行うと、彼は一度目に受けたセッションからすでに身体に大きな変化を感じていました。そして、彼が疑問に思ったのは、私が身体に触れることもなく、なぜ自分の病気症状が根本から改善したのかということでした。

その時に、私が彼に説明したのは、ホログラムワークによるセッションとは、人体の病気に対して直接アプローチしていくのではなく、身体が持っているエネルギーの方に手を加えていくために、三次元的な治療よりも反応が現れやすいということでした。

現代医学では、たとえ医者が患者の腫瘍を摘出しても、その病気が再発する可能性をゼロにすることはできません。ですが、エネルギー波動が乱れている場所（つまり、病気の発生源）にダイレクトにアクセスして波動を修正すれば、エネルギー状態そのものを変換できるために病気を根治《こんじ》することも不可能ではありません。

私のエネルギーワークでは、思い込みのブロックを除去するためのエネルギー手術などを行っていますが、その中のあるワークでは、オーロラの光を呼び降ろしてクライアントの身体のエネルギーの詰まりや過去生のカルマを浄化していきます。またこの光には、エレメンタルボディをアップグレードする役割もあります。ただし、私のホログラムワークのセッションは、本来は病気治療が目的ではなく、あくまでクライアントのエネルギーサポートのために行っているものです。

近頃では、気功やヒーリングの分野でも、異次元エネルギーをコントロールして治療を行う人が増えてきました。これは三次元から別次元にアクセスしていき、人体のテンプレート（元型）から修正をかけていくような方法です。もし、あなたがこのようなワークを体感すると、病気症状が一瞬のうちに改善して、〝まるで時間を巻き戻したようだ〟と思うようなことも充分に起こり得るでしょう。実は、私自身も過去に頭頂部からゴロリと血の塊のようなものが出てきて驚いたことがありました。

この頃は、私の知り合いの中にも異次元治療を専門に行う人が増えてきましたが、今後は人々が病気治療のためにエネルギーワークを用いることも当たり前の世の中になります。この分野には、まだマニュアル的なものがありませんから、きっとみなさんが驚くような治療法も出て来ることでしょう。

オーラは情報発信装置

スピリチュアル業界にあまり詳しくない人でも、「オーラとは何か」ということについては一度ぐらい耳にしたことがあると思います。ですが、「それでは、オーラの役割とは何でしょうか?」と、私がみなさんに質問すれば、全ての人が正確に答えるのはきっと難しいでしょう。

私が普段、コンタクトワークの現場にいて宇宙船を目撃している際には、その場の波動が宇宙レベルにまで高まっていき、自分のオーラが高次元ネルギーを吸収してジリジリと波動を上げていくのが分かります。また、それと同じ原理で、宇宙船が地球に接近している最中には地上周辺の気圧の数値もグングンと上昇していきます。

また、JCETIのコンタクトワークでは、時には、参加者の方々が一晩中起きたままで宇宙船と交信していることもありますが、そんな時に、朝になっても全員がエネルギッシュで、疲れを感じている人がひとりもいなかったというケースが本当に今までに何度もありました。

宇宙船が地上に向けて発信しているのは、「サトルエネルギー」という名前の繊細な波動を持ったエネルギーです。三次元にいる人が、コンタクトワークで宇宙とつながっていく体験を重ねていけば、サトルエネルギーの作用によって全身のエネルギー波動が上昇し、肉体までも元気に回復していくというヒーリング効果が生じてきます。そのため、私は自分のコンタクトイベントの参加者には、〝ETコンタクトは、肉体的なヒーリングのためにもいいですよ〟とお伝えすることもあります。

また、人間のオーラには、色や形状に様々な種類がありますが、あなたが自分の意識を自由に使いこなすことができるようになれば、それさえも思い通りに変化させていくことができるようになります。

私がエネルギッシュな人に出会った時には、その人のオーラが部屋いっぱいに充満しているのを感じます。あるいは、自分自身のエネルギー状態が良ければ、オーラをどんどん拡大させて高層ビル全体にまで広げていくこともできます。

一方、みなさんのオーラの状態があまり良くない時には、そのために病気症状が起きてくることもありますから、その点については少し注意しておかなければなりません。オーラの中には、あなたが先祖から受け継いできた怒りや不安などのネガティブ・カルマが蓄積されていますが、これらのカルマについても高次治療やクリアリングできれいに取り除くことができます。

また、スターシードの場合には、一般人よりもはるかに自分のオーラの中に情報を吸収しやすい性質を持っています。中には、周りの雑念やネガティブエネルギーを、無意識のうちにどんどん吸い取ってしまう「スポンジ人間」というタイプの人がいます。もし、あなたがこのような体質のスターシードであれば、周囲の影響を受けて振り回されないためにも、この本でお伝えしたクリアリングの方法をマスターしておくべきでしょう。

また、人が三次元にいながら宇宙エネルギーとつながっていくためには、クリアリングに加えて、普段からオーラを活性化するエクササイズなどを行っていくとより効果的です。それによって、今はあなたの中で眠っているスピリチュアル能力が開花していきますから、「自分にはこんなパワーがあったんだ」と驚くような発見ができるようになります。

また、宇宙的なエクササイズのおかげで、以前よりも思考が前向きになったとか、宇宙にいた頃の記憶が蘇ったという人にも、私は過去にたくさん出会ってきました。あなた自身がオーラを拡大させていくと、それに応えるようにETからのサポート力も次第に強まっていきます。その点を考慮しても、あなたが普段からオーラの状態を管理していくことは、スターシードとしてのミッションクリアのために必要なプロセスになるでしょう。

ニュートラル性——自分の中にぶれない軸を持つためには

人が高次元意識とつながるようになれば、自分の肉体や思考体系などにも自然と変化が生じてきます。その変化を体験している初期の段階では、このまま自分に変化が進めば、地球では暮らしにくくなってしまうのではないかと不安に思う人もいるでしょう。ですが、私の場合には、宇宙とつながりを持つようになった後の方が、前よりも安定して暮らせるようになりました。

みなさんが、いつも宇宙からのサポートを信頼していて、自分の中にぶれない軸を持つことができていれば、それは三次元の世界をセルフマスタリーで生きていることを意味します。それに加えて、妬みや怒りなどのネガティブエゴの反応から脱け出して、自分のタイムラインを今よりもポジティブな方向にシフトしていくことができます。ここでは、みなさんがさらに宇宙とのつながりを強化するために役立てることができる〝ニュートラルでいること〟の意味についてお伝えしていきましょう。

まずは、ニュートラルという言葉の意味について説明すると、人の精神が「中立」の状態にあるという意味になります。あなたが、三次元においてニュートラル性を実現していくなら、まずは自分の中に残っているしがらみのエネルギーを解放していくことが必要になります。

エネルギーの解放作業とは、通常はクリアリングによって行われるものですが、たとえあなたの周囲が混乱していても、周りの人に対してではなく自分自身に向けてクリアリングするというのが正しい方法になります。なぜなら、あなたが自分のエネルギーを正しい方向に変えていけば、それに同調して周囲のエネルギーも自然とよりいい流れに変化していくためです。

また、三次元で人が常にニュートラルな状態でいるためには、人類の長い歴史の中で、歳月をかけて蓄積されてきたカルマのマヤズムをどのように処理するかという問題が浮き彫りになります。従来のスピリチュアル的なノウハウでは、みなさんのカルマを処理するには不十分なところがありました。

ですが、私たちがＥＴに対して「カルマのマヤズムを解決してください」と依頼すれば、彼らは、それについても宇宙の高次元テクノロジーを利用するなどの方法を用いて、パワフルなサポートを入れてくれるようになります。つまり、みなさんが宇宙とつながる体験をより深めていくことができれば、三次元では解決が難しいと思われていたような問題でさえ、想像のつかない形でスムーズな解決が起きていきます。ですから、今のみなさんに取り組めることは、宇宙の未知なるパワーを信頼して、ETから自分にもたらされる解決方法に素直に従っていくことでしょう。

ただし、一つだけ注意点を挙げておくと、いくら高次元の力が素晴らしいとはいえ、あなたがいつでも「宇宙存在なら誰でも入ってきていいですよ」という態度でいるのは安全ではないということです。

そこには、やはり明確な線引きというものが必要になります。あなたが意識の力で空間をコマンドする時と同じように、「私は○○の存在とだけ接触します」と、ある存在に対して入室を許可した上で自分のエネルギーフィールドの入り口を開いていくというのが、セルフマスタリーでのスタンダードなETの受け入れ方法になります。

これは、あなたが家を出掛ける時に、鍵をかけて戸締りするのと同じ理由です。もし、あなたがドアを開け放したままで出掛けてしまえば、留守中に泥棒が入ってきたとしても誰にも文句は言えません。ですから、自分のエネルギーフィールドの入り口にはしっかりと鍵をかけておいて、家族や友人のように顔見知りのETしか中へ入れないように管理しておけばいいのです。

また、みなさんがニュートラルな状態を保つために効果的な手段に、心を静かに落ち着けて瞑想しておくという方法があります。慌ただしい社会の中でも、あなたがゆっくりとリラックスする時間を持つことができれば、それによって、〝自らの思考の出所がどこにあるか〟ということについても理解できるようになるでしょう。これはつまり、自分が持っている感情が心の中から起きているのか、それとも周囲に影響を受けて起きているのかが判別できるようになるという意味です。

そのようにして、あなたが感情の発信源を特定することができるようになれば、たとえその感情が「自分のものではない」と気付いても、それを振り払って、本来のニュートラルな状態に立ち返ることができるようになります。

自己の目覚めが周囲の目覚めにつながる

みなさんが普段、自分の身の回りで起きている出来事を宇宙的視点で捉えるようになれば、〝この出来事がなぜ起きてしまったか〟という理由について考えるのではなくて、〝ただ出来事が起きているだけだ〟というありのままの状況を受け入れるように変化していきます。それにつれて、自分の心にあった思い込みや疑いの感情が薄れていきますから、みなさんは、そこから晴れてニュートラルな心を持って生きていけるようになります。

三次元のスターシードがこのような変化を起こしていけば、周囲にも余波が起きて、他者を自分の元に引き寄せるようなムーブメントが起こり始めます。

その時、スターシードにとっての役割とは、自分と同じ体験を他者にさせるために、自らが手本となって手順を教えていくことになります。もちろん、それ自体は素晴らしい役割ですが、一方ではスターシードがヒーロー的に目立ちすぎるようになると周囲から依存されるようになってしまい、人々の自発的な行動をストップさせてしまう危険性もあります。

みなさんがそのような状況を回避していくためには、時には自分が他人に与えている影響力を意識的にセーブし、三次元でバランスを取るという調節作業を行うといいでしょう。

また、そのような流れに便乗して、四次元にいる低級存在があなたの周囲の人に憑依して近づいてくることも考えられます。ですから、あなたが直感的に「この人には力を貸してはいけない」と感じた場合には、面と向かって「ノー」と言えるような強い心を持っておかなければなりません。このような時に、あなたが曖昧な態度でいて、相手を受け入れてしまうというのがいちばん危険で、最後には自分の方が空っぽになるまでエネルギーを吸い取られてしまうようなケースもあります。これは、みなさんが日常的に過ごしているシチュエーションでも起きていることなのです。

メインガイドとインボケーション

人が自分の意識を自由自在にコントロールしていけば、宇宙にいる様々な高次存在とも思い通りのコンタクトを取ることができるようになります。そのような宇宙存在の中でも、特に自分だけに献身的なETガイドのことを、ホログラムワークでは「メインガイド」と呼んでいます。メインガイドとは、いつもあなたを陰から見守っていて、必要な時には誰よりも進んで手を貸してくれる存在のことをいいます。

ただし、予め誤解がないように説明しておけば、メインガイドとは、あなたの身代わりとなり「意思決定」をしてくれる存在ではありません。三次元で意思決定をするのはあくまでみなさんの仕事であり、その決定に基づき状況を動かしていくというのが、メインガイドが行うべき仕事になります。

宇宙の基本的なルールに、「全ての生命体に自由選択権がある」というものがあります。つまりそれは、あなたのメインガイドがいくら強力なパワーを持っていようと、あなたが自らの意思で方向性を決める前に、ガイド側で勝手なアクションを起こしてはならないということです。そのため、あなたがメインガイドに対して、「私のために〇〇するように動いてください」とお願いすれば、そこでようやくガイドがサポートするように動き出してくれます。

たとえば、あなたの職場で何かのトラブルが起きたとしましょう。その件について自分のメインガイドに、「この問題を解決するために私をサポートしてください」と、意思を明確に伝えれば、彼らは職場で同僚をサポートしているガイドたちと交流を持つなどして、あなたが悩んでいる問題を解決の方向に導いてくれます。

ですが、あなたがメインガイドの役割をまだ理解していないうちには、彼らにどのようなサポートを頼めばいいのかイメージしにくいようなところもあるでしょう。ただし、それについては、あなたがガイドとコミュニケーションを何度も重ねていけば、慣れてきて自然にコツが掴めるようになっていきます。

私が、普段から行っている「インボケーション」というテクニックでは、自分の目の前に椅子を置いて、そこにメインガイドが座っているのをイメージしながら言葉による意思疎通を図っていきます。みなさんが実際にインボケーションのテクニックを行う時には、椅子にイメージ写真を貼ったり、ガイドに名前をつけたりして、頭の中で充分に想像を膨らませていくといいでしょう。または、インボケーション中に、あなたがメインガイドに直接名前を尋ねてみても構いません。

三次元の視力では、高次元のメインガイドを直接的に目で確認することはできません。そのために、〝私は本当にガイドとコミュニケーションできているのだろうか〟と、自信を持つことができずに、コンタクトをすぐに諦めてしまうような人たちがいます。

ですが、それについてはインボケーションのエクササイズを繰り返し行っていけば、彼らの存在が明らかに分かるようになります。あなたは、次第に自分の意識が椅子の上にいる存在に向けて、はっきりと集中していることを感じ始めるでしょう。

また、インボケーションのテクニックが熟練すれば、その場に椅子を置かなくても、「ここに何かの存在がいる」と、敏感に高次元エネルギーを察知することもできるようになります。みなさんがその段階にまで到達できれば、その時はすでにあなたの目の前に宇宙への扉が開かれているのです。

インボケーションを上手く行うポイントは、交信相手がETとはいえ、怯えたり緊張したりせずに積極的に話しかけていくことです。また、コミュニケーション時にあなたがガイドへの愛や感謝を表現していけば、さらに一段階アップした効果が得られるようになります。

ホログラムワークの参加者の方には、なぜか自分のETガイドにも遠慮してしまう人がいて、「こちらから一方的にお願いばかりしては申し訳ない」と、インボケーションを途中で断念してしまう人がいます。ですが、あなたの依頼を聞いてくれるガイドは、世界にたったひとりしかいないわけではありません。

特に依頼者がスターシードの場合には、数十人のETガイドが入れ替わりでスタンバイしてくれているのです。彼らはいつも人から相談されるのを心待ちにしていますので、あなたが自分のガイドに遠慮する必要はどこにもありません。むしろ、彼らに仕事を与えてあげるのが、地球に生まれた人間としての務めなのだと理解しておくべきでしょう。

みなさんがこの本を読んで、生まれて初めて自分のメインガイドとコンタクトを取るなら、まずは彼らに対して「あなたの存在が分かるように何かのサインをください」とお願いしてみるといいでしょう。するとそれに応じて、宇宙からの音や光による合図やシンクロニシティなどの返答が入ってきます。あなたがこのようなサインに対して敏感に気付くようになれば、宇宙存在とコンタクトすることについてのワクワク感がさらに高まっていきます。

この章の最後では、みなさんがＥＴガイドと交信するためのインボケーションのエクササイズについて詳しい手順をお伝えしていきます。これは、自分が交流を持ちたいと思うメインガイドを呼びおろして、彼らにダイレクトにサポートを依頼できるようなトレーニング方法になります。

高次元エネルギーボディの覚醒

皆さんもご存知のとおりチャクラの活性化とは、主にこれまではヨーガやヒーリングの分野で重視されてきたメジャーな手法です。ですが、私は自分のチャクラについて、今まであまり意識したことはありませんでした。

関西に住んでいる私の友人は、人のチャクラを見てエネルギー状態を敏感に察知できる能力を持っています。私がその人に会う時はいつも、「あなたのチャクラは機械のように正常に動いていますね」と言われていますが、私はこれまでにチャクラクレンジングなどをしたことはありませんので、恐らくスターシードは、生まれつきチャクラに問題が起きにくい性質を持っているのでしょう。

また、ホログラムワークにおいては、チャクラクレンジングよりもエネルギーボディのクリアリングの方が優先順位の高いワークになります。これは何よりも宇宙にいるETたちが、人のエネルギーが正常であることを望んでいるためです。ですが、ここではみなさんの参考程度に、チャクラの解放とエネルギーの関係性についてお話ししておきましょう。

人体にあるチャクラの中でも、生殖器、丹田、みぞおちの部分にある身体の下部の3つのチャクラのことを、「肉体レイヤー」といいます。また、その上部にあるハート、喉、額の部分のチャクラが「ソウル・レイヤー」、さらに頭頂部の上にある3つのチャクラは「オーバーソウル・レイヤー」といいます。

スターシードの場合には、上部のソウル・レイヤーと頭頂部にあるクラウンチャクラが、生まれた時からすでに活性化しているような状態にあります。スターシードは、そのおかげで生まれつきエネルギーに敏感な人が多いのです。

一方、スターシードの場合でも、問題が多くあるのは下部の肉体レイヤーの方になります。このレイヤーにエネルギー的な乱れが生じると、たとえば三次元の人間関係などに悪影響が出てきます。私が以前、ロンドンで友人と盛り上がりながら食事をしている時に、隣で口論をしていた見知らぬカップルの男性から怒鳴られたことがありました。彼は、私たちのグループが、自分のことを笑っているのだと勘違いして怒っていましたが、肉体レイヤーのバランスが取れていない人の場合は、このようにして心の中の怒りや葛藤の感情が表面化しやすくなります。

また、肉体レイヤーには、みなさんが先祖の代から受け継いだトラウマなども蓄積されていますが、そのトラウマは遺伝子的に何世代にも受け継がれてきたものになりますので、どこかのタイミングで浄化されなければ、かなりの量のネガティブエネルギーが留まっています。

また、肉体レイヤーでは、第1チャクラなら一次元、第2チャクラなら二次元というようにチャクラの番号に応じて異次元とつながっています。この一次元と二次元の世界は、人間界よりも低次元の世界になりますので、三次元の現実にも自然と悪影響が出てきてしまいます。

その影響の一つとしては、他者に対するライバル心や社会的に地位を得たいというエゴを持つことが挙げられます。スピリチュアルな活動を広めているグループの中には、第2チャクラの中にあるセクシャルなエネルギーを利用して、メンバー同士にフリーセックスを容認しているような行為も見られます。これは、〝男女の性欲〟という人間の弱点を悪用したマインドコントロールの一種になります。

また、音響学の世界では、低音の波長が高音よりも長いため、一般的に低音の方が広がりやすくてコントロールが難しいと言われています。たとえば、みなさんがライブハウスに行くと、ドンドンと低音だけが部屋の外へ漏れているのが分かるでしょう。一方、高音というのは耳に残りやすい性質がありますが、音が外部にまで漏れてくることはまずありません。

その仕組みと同様に、下部の肉体レイヤーに蓄積されたカルマというのは、エネルギー波動が低いために、外部に漏れやすく他人に悪影響を与えやすいという性質があります。

そのため、現在は多くの人が、自分の肉体レイヤーからマイナスエネルギーを垂れ流しにしているような状態です。これについては、人が一次元から三次元の間ばかりを行き来していて、高次元世界には滅多にアクセスしていないことに原因があります。

一方で、現在は人類が生物学的にもアセンションしていますから、高次元からの刺激を受けることにより、これまでに眠っていた高いレイヤーのチャクラが目覚め始めています。そこからさらに、人が五次元以上の世界にもアクセスしていくためには、胸より上部のハートチャクラや喉のチャクラを活性化させていかなければなりません。また、あなたがソウル・レイヤーを解放させることができれば、そこでようやく自分とオーバーソウル・レイヤーとのつながりが認識できるようになります。

この本の最終章では、私の知り合いのリサという女性が考案した「十二次元シールド」のエクササイズ方法について説明していきます。あなたが、そのエクササイズを実践していけば、頭上1メートルの位置にある高次元チャクラにアクセスして、ハイアーセルフよりも高次元にある世界とのつながりを体感することができます。

ロー・オブ・ワン――一なるものの法則

世界で最も古いチャネリング情報に、「ロー・オブ・ワン」《一なるものの法則》というものがあります。これは元ボーイング社の機長らのグループが、「ラー」という名称の第六密度の高次元存在とコンタクトを取って、その内容を詳細に記録していったものです。その文書に書かれている内容といえば、かつてETが地球人を宇宙船の中に連れ込んだ目的や、レムリアの古代文明がいつの時代に起きていたかというような、現代には詳しく伝わっていない情報が主なものになります。

《一なるものの法則》とは、広い宇宙の中で全惑星が共通して従うべきルールのことです。そのルールの趣旨をまとめると、「生きとし生けるものに自由意志がある」そして、「全ての生命体には、自分がソースの一部だと知る権利がある」ということになるでしょう。つまり、この世に生を受けて生命を全うしている者は、その個性如何を問わずして本来は誰もが自由な存在であるということが、この《一なるものの法則》がみなさんに伝えているルールになります。

ですが、現在のスピリチュアル業界では、このルールに違反した情報もかなり多く出回っています。それは、地球でまだ多くの人が四次元宇宙としかつながりを持っていないために起きていることです。偽の情報を伝えているグループの中には、自分のクライアントに対して四次元の光を見せておいて、「この光こそがホンモノですよ」と、堂々と嘘をついているような人たちもいます。

あるいは、その教えのベクトルがソリプシズムの方向に向いているようなグループもあります。ソリプシズムを日本語で言えば「唯我論《ゆいがろん》」となりますが、それは「あなたが現実を動かしている王様だから、この世界では何をしても構いませんよ」というようなモラリティに欠けた思想のことです。

スピリチュアルの教えに詳しい人なら、〝世界を創っている自分こそが神である〟という教えについてはどこかで耳にしたことがあるでしょう。この考え方は、ある程度までは正しいものになりますが、それでもこれが宇宙全体のルールであるとまではいえません。なぜなら、世の中にいる全員が「何でも有り」の状態になってしまえば、きっとどこかでこの世界のバランスが取れなくなってしまうからです。そのような教えは、人々がスピリチュアルな道を歩んでいくための基盤を作るためには避けて通れないステップでしたが、現在では、さらに進化して第二のニューウェーブがスタートしています。

一方、「ロー・オブ・アトラクション」（引き寄せの法則）というのは、この宇宙では、人が欲しいと思ったものに意識を集中させていくと、それがまるで磁石のように引き寄せられてくるという法則のことになります。この教えも一時期は世間でブームとなりましたが、その後には、ただ三次元的な欲求を満たすための商売道具にされてしまい、その全てが正しい教えであると言えなくなりました。

宇宙では、あなたが他人に豊かさを与えるからこそ、自分の方にも豊かさが返ってくるというシステムが存在しています。ですが、現在の引き寄せの法則は、なぜかそのいちばん大切な部分がすっぽりと抜けてしまっているような状態なのです。「自分だけが幸せになればいい」というエゴでは、もちろんあなたが真の豊かさを受け取るにはつながりません。それに、もしあなたが他人の物を力ずくで奪い取ろうとすれば、いずれまたどこかで同じように自分の物を奪われてしまう日がやって来るのです。《一なるものの法則》とは、そのようにして、個別のエネルギーの総量を均一に保っておくためのルールでもあります。

また、この《一なるものの法則》によれば、人は本来なら誰もが自由に生きていて当たり前の存在だということになります。つまり、他者を権力で押さえつけたり、人間同士が殺し合ったりすることは、このルールにおいては問題外だといえます。現在の地球では、このような出来事も当たり前に起きていますが、その裏側では闇の権力者によるマインドコントロールが大きく関わっています。

一方、スピリチュアル業界では、〝権力者による支配から逃れるためには、生よりも死に向かうべきだ〟という思想もあります。ですが、これは単に悪魔的な教義と呼べるものであり、《一なるものの法則》とは真逆の方向に向かっているアイデアです。闇のグループは、このように人々をわざと混乱に陥れるような理論をバラまいて、世界のバランスを狂わせようと画策しているようなところがあります。

私が思うに、今人類が目指していく方向とは、「生きとし生けるものに自由意志がある」という宇宙の法則を前提にして、全員が迷わずそこに立ち返っていくことなのです。みなさんのETガイドは、そのルールについては熟知していますから、あなたが意識をその方向に向けさえすれば、そこにガイドからの適切なサポートが与えられるようになるでしょう。

エゴを手放す

「引き寄せの法則」の話の中で、エゴのことについて少し触れましたが、みなさんが三次元で《ホログラム・マインド》を持って生きていくために重要な一つの課題が、この「エゴを手放していくこと」になります。

ただしこれはみなさんに、「この世界で何も願望を持ってはいけません」とお伝えしたいわけではありません。エゴを乗り越えていくためには、「○○を実現していこう」という意思力と、「どうしても○○が欲しい」というエゴとの違いを、明確に分けておかなければならないのです。

世の中には、ただ大金を荒稼ぎして欲しい物を手に入れていくことを生きがいにしているような人たちがいます。彼らは、自分の欲しい物がガムでも高級車でも、とにかく何でも欲しがるというクセがついているだけです。もし、彼らがそのような物欲を手放せば、その先にはようやく魂の中にプログラミングされた〝真の人生の目的〟というものが見えてくるようになります。

また、あなたが三次元の世界で何か欲しいと思うことがあっても、宇宙的な視点に頭をスイッチしていけば、それを欲しいとは少しも感じなくなるということが起こります。現在の地球社会では、そのように無意味な欲求を人々が手放していく局面を迎えています。そのため、人々がエゴと宇宙の真実とのせめぎ合いに苦しんでいますが、みなさんが宇宙との本来のつながりを思い出すことができれば、自分の心の中にあるエゴさえも楽々と乗り越えていくことができるのです。

『アジャストメント』という映画のストーリーを見ればよく分かりますが、人が地上に持って生まれてきた魂のミッションと、メインガイドが抱えている想いの方向性は常に一致しています。一方、自らのエゴに翻弄されてしまって本来の道を踏み外してしまうのは、いつも三次元に住んでいる我々の方なのです。人間という存在は、このように誘惑に負けて道を踏み外し、魂のミッションをクリアできないという悔しさを、これまでの転生で何度も繰り返してきました。

だから、今世において人々がようやくエゴを断ち切り、魂のミッションをクリアしていくというのが、ＥＴが人類に期待している未来の姿になります。だから、もしあなたが欲望に負けて道を踏み外しそうになった時には、自分のＥＴガイドに、「私の魂のミッションが何であったのか思い出させてください」と依頼してみるといいでしょう。みなさんがエゴを乗り越えた先には、三次元的な欲求を満たすよりも、はるかに素晴らしい喜びが待ち受けているのです。

エクササイズ2——インボケーション（呼びおろしワーク）

それでは、みなさんに「インボケーション」のエクササイズをお伝えして、この章を締めくくることにしましょう。英語で、「インボケーション」（invocation）と言えば、日本語ではある力を上から呼びおろすことを意味しています。また、それはこの章全体を通じてお伝えしてきたように、あなたが自分のメイン

ガイドとコミュニケーションを図っていくために効果的なテクニックの一つでもあります。

その方法は、具体的には次のような手順で進めていきます。

インボケーション《メインガイドの呼びおろしワーク》

1 あなたの前に椅子を置きます。頭の中で想像力を膨らませるために、自分がイメージしているメインガイドの名前を紙に書いておきます。また、イメージ通りの写真やイラストがあれば椅子の背もたれに貼ります。あなたと縁のある惑星や星団の画像があれば、それを使ってもいいでしょう。

2 椅子と向き合って座り、自分の目の前にメインガイドが座っている姿を想像します。顔や雰囲気までイメージできれば、あなたの方からガイドに名前を呼びかけてコミュニケーションをスタートします。

3 自分のメインガイドに対して、質問や悩み相談などをしてみましょう。まずは、「イエス」と「ノー」で回答できるような簡単なやり取りから始めるといいでしょう。あなたが、その場に温かなエネルギーが流れているのを感じることができれば「イエス」、そうでなければ「ノー」というガイドからのサインです。

4 メインガイドから放出されているエネルギー以外にも、音や光による現象やそこに何かがいるという気配、意識を通して伝えられるメッセージなど、そのサインは多様な方法で伝えられてきます。あなたはそれを見過ごさないように、常に敏感にアンテナを張っておきましょう。この手法に慣れてくると、双方間のスムーズなコミュニケーションも可能になります。

この時に、あなたがガイドとのコミューニケーションを円滑に進めていくためのコツは、自分の方から相手をリードして積極的に働きかけていくということになります。とはいえ、あなたのエネルギーボディがまだ敏感でないうちには、ガイドに話しかけてもすぐに何かを感知することはできません。ですが、呼びおろしワークを繰り返し行っていくうちに、その場所には高次元独特のエネルギーが流れていることが次第に読み取れるようになります。なので、最初に数回試してみて、「何も感じないから」と諦めてしまうのではなくて、日常的にワークを継続していくことがインボケーションを成功させるためのいちばんのポイントになります。

また、あなたがガイドに何か依頼をする時には、相手側がその意味を理解できるように分かりやすい言葉で伝えていくということがとても肝心です。これは、人間同士のコミュニケーションにおける注意点と同じことがいえます。もし、あなたが話し相手に対して遠回しな表現をしてしまえば、その意図が上手く伝わっていきませんから、「私が自分の魂のミッションを達成するために○○についてサポートしてください」と、自分の意思を明確に伝えていくべきです。

あなたがインボケーションの手法に慣れてくると、エクササイズをしている間だけに限らず、仕事中や睡眠中にもふとしたきっかけでガイドからのメッセージが降りてくることがあります。また、それは自分が特に期待していない時にも不意にやって来ます。以前に、私がそのような体験をした時には、「なぜ、今のタイミングでガイドからサインが来たのだろう」と不思議に思っていましたが、やがて時が経つにつれて、「あの瞬間が、自分にとっては適切なタイミングだった」と納得するようになりました。

また、あなたのエネルギー状態がまだクリアでないうちには、ガイドからサインが入っても気づかずにそのまま見過ごしてしまうことがあります。そんな時には「空間クリアリング瞑想」のワークと組み合わせながらテクニックを実践していけば、よりスムーズなコミュニケーションが図れるようになります。みなさんが三次元でのサインを認識するためには、メインガイドに対して、「私に分かるようなシンクロニシティを起こしてください」と依頼したり、特定のキーワードを指定したりして、ゲーム感覚で楽しんでいくといいでしょう。

Chapter

7

ETコンタクトとアセンション

アセンションのサイクル――惑星アセンション

第五章では、人体の周囲にエネルギーボディの層があるとお伝えしましたが、地球の周りにもそれと同様に大気圏でいくつものエネルギー層が存在しています。

みなさんが宇宙から地球を眺めると、その周囲にはまるで何枚も洋服を重ねているように美しい光のグラデーションを見ることができるでしょう。それは、目視でも確認することができますが、本来なら三次元には実体がない地球のオーラなのです。

現在、地球には太陽フレアと他の星のエネルギーが降り注いでおり、地球はそのエネルギーを惑星の周りにあるオーラから吸収しています。２０１２

年にはその影響を受けて、地球という惑星全体がアセンションを体験することになりましたが、それらの一連の出来事を通じてようやく私に見えてきたことは、高次元宇宙とのコンタクトがこれまでに主流だった「UFO研究」のレベルに留まるものではなかったということでした。

つまり、ETとのコンタクトワークは、人が宇宙とつながりを持つためには欠かすことができない導入部分ですが、その最終的な目的には、この本の最初にお伝えしたように、《地球上にいる全人類がアセンションを達成していく》というゴールが設定されているのです。私は、この件については自分のメインガイドからも、何度もメッセージとして伝えられてきました。

そこで、本書の締め括りとして、この章では人類が体験するアセンションについて、私が宇宙的視点から詳しく解説していきます。

地球では、過去に人が単独でアセンションを体験して成功した例もいくつかありました。ですが、地球人が自力でアセンションしていくというのは、とても珍しい例で、過去には〝数万人にひとりが体験できるかどうか〟という可能性の低い話でした。

ところが、２０１２年に地球という惑星全体がアセンションを体験した後には、以前にアセンデッドマスターたちが体験してきたものとは異なり、多くの人々が一斉に次元上昇していく「集団アセンション」が起きています。

現在の地球では、銀河の配列的に見ても、集団アセンションが起きてくるのにぴったりのタイミングにあるのです。宇宙では、「銀河直列」という星の並びが起きていますから、そのおかげで銀河の中心のエネルギーが地球までダイレクトに届くようになりました。

この件については、所詮は遠く離れた宇宙の話だと捉えてしまえば、みなさんにとっては無関係のことになります。ですが、私がすでに分かっているのは、人の意識が元々は遠い銀河の中心にあるエネルギーと深い関係性があるということです。

今の地球に届いている銀河の中心のエネルギーというのは、自分で特に意識しなくてもエネルギーボディから自然に吸収できるという大きな特徴があります。ですが、そのもう一つの特徴としては、あなたが自分からエネルギーの波に乗ろうとすれば、より早くスムーズな形でアセンションが起きてくるということです。

現在は、インターネットなどを介して、他国の人とも自由に情報交換できる時代になりました。みなさんがこれらの情報ツールを利用して行えることは、精神性の高い世界中のグループと交わって、自らの成長のスピードを1秒でも速めていくことになります。そして、アセンションの波に乗るためには、何よりもまずは三次元レイヤーをクリアにして高次元の自分を体現していくべきでしょう。

アセンションは人類進化のチャンス

みなさんは、「宇宙人とはどんな存在か」と言われれば、たとえば映画に出てくるETのように三次元的な発想でイメージしてしまう人が多いはずです。

ですが、そのリアルな実態というのは、あなたがコンタクトワークの現場を訪れて、高次元の雰囲気を味わった時にようやく見えてくるものになります。

ですから、この本を偶然に手に取った人も、本の内容をただ読むだけではなくて、クリアリングなどのエクササイズなどを実践しながら宇宙とのつながりを体感していきましょう。

ETコンタクトの意義がアセンションにあるということについて、私がETからメッセージで伝えられていた最初の頃には、まだその意味を充分に理解することはできませんでした。ですが、いつしか自分が宇宙との深いつながりを持つようになってからは、そこで体験した様々な出来事を通じて感覚的にその意味が分かるようになりました。

現在の地球では、ETやアセンションに関する情報が、一部の権力者によって意図的に隠ぺいされているような状態にあります。そのため、過去には宇宙船に使用されているフリーエネルギーなどについても、その情報が一般に公開されることはありませんでした。ですが、その素晴らしさを知っている私には、人類にとって有益な情報が、なぜ多くの人に伝わっていかないのだろうかともどかしく感じてしまいます。

私は以前、NASAの内部情報について、ETにテレパシーで映像を見せられたことがあります。NASAは宇宙については世界でトップクラスの情報機関ですが、その内部にいる職員でもごく一部の情報だけしか知らされておらず、NASAが所有している情報の全体像を把握する人はほんの一握りだということが分かりました。その裏側には、やはり闇の権力者の思惑があって、自分たちで人々に伝えていく情報をコントロールしていて、「地球の未来を思うままに操りたい」という意図が隠されているのです。

ですから、私たちスターシードの任務とは、そのような闇の権力に屈することなく、ひとりでも多くの人々にアセンションについての正しい知識を広めていくことです。その行動によって、〝人類がこのままアセンションを体験しなくていい〟という横暴な考えを持っている権力者の支配から、人類全員が逃れていくためのチャンスが生まれていくのです。今後は、スターシードの動き次第で、地球社会の未来の方向性までもが正しい方向に変化していくでしょう。

もし、あなたが一度でも闇の権力者の罠にはまってしまえば、解決のための糸口を探し出すことができずに、延々とその罠の中に迷い込んでしまうことになります。それを避けるためにも、あなたが自らのエネルギーフィールドの主体者として自力で人生をコントロールしていくことが求められているのです。

ブラックホール VS. スターゲート

コズミック・エッグの章では、現在の地球は三次元からアセンションしていて、神というソースの方向に向けてUターンしているところだとお伝えしました。その動きが起きてくるタイミングとしては、地球も人間と同じように脈打ち、呼吸しているという一連のサイクルを持っていることが深く関係しています。

そのサイクルの中では、地球が息を吐き出すタイミングに合わせて、人を含む多くの宇宙存在がソースから外側へ一斉に離れていきます。それはつまり、ソースの周囲を囲んでいる十二次元の世界から、さらに次元の低い世界へディセンションしていくということを意味します。

一方で、地球が大きく息を吸いこむ時には、ソースから離れていた存在がさざ波のように一斉に元の方向に押し寄せていきます。この動きこそが、現在の地球で起ころうとしている集団アセンションの仕組みです。

スピリチュアル業界では、このプロセスについて今までに伝えていた人はあまりいませんでしたが、宇宙にはこのように不変のリズムで起きている次元間の動きというものが存在しています。

また、人類がディセンションしてから再びアセンションを体験するまでには、ソースとのつながりを失ってからかなりの時間が経過しています。そのために、ソースへの戻り方が分からなくなってしまい、低級存在に足を引っ張られてしまうというようなトラブルが起こりやすくなります。地球は、まさに今そのトラブル状態に陥っているといえますが、人類がこのまま低級存在の罠にはまって次元下降していけば、最悪の場合には、地球という惑星全体がブラックホールに飲み込まれてしまうというようなシナリオも想定することができます。これはハリウッド映画の話のように聞こえますが、私たちの現実ではいつ起きても不思議なことではありません。

ＮＡＳＡで公開された映像では、ある惑星が一瞬にして、ブラックホールの渦の中に飲み込まれて消滅していくという衝撃のシーンがありました。それは宇宙の美しいイリュージョンにも見えるような映像でしたが、一方で、星の生命とはわずか数秒で消滅してしまうほど儚いものなのだと私には感じられました。そして今、多くのスターシードが、いつかは自分たちの星も同じように消滅してしまうのではないだろうかと危惧しています。

現代科学では、ブラックホールの闇の中に光さえ吸い込んでしまうような圧倒的な重力があると言われています。ブラックホールとは、一言でいえばエントロピー（混沌性）の巨大な塊です。もし、地球がその中に引きずり込まれてしまえば、一瞬のうちにバラバラになってしまい跡形もなく消え去っていくでしょう。

惑星がブラックホールに吸い込まれたその先には、「ホワイトホール」という光の出口が存在しているといわれています。また、その場所に辿り着くまでの通路のことを、「ワームホール」といいますが、銀河系の惑星が、そのままの形状を保ちながらワームホールを通過することは、科学上は不可能とされていることです。いずれにせよ、地球がソースとは逆方向にディセンションしてしまえば、ブラックホールから逃れることも、ホワイトホールから外に逃れることも起こり得ないでしょう。

ですから、地球がブラックホールの中に引きずり込まれてしまう前に、みなさんの意識をソースの方向へ180度転換して、これからスターゲートに向けて一気に加速していかなければなりません。

現在の地球に届いている銀河のエネルギーは、人類のDNAすら進化させていく根源的な力を持っています。ですから、まさに今こそが人類が集団アセンションを体験するためのチャンスの時期なのです。スターゲートは、人類に対してその入り口を大きく開いて待っています。

クンダリーニ・アクティベーションとアセンション障害

２０１２年の前後十年間で、地球が惑星アセンションを体験して以降、人体にも一度は消滅していたＤＮＡが復活するほどの目覚ましい変化が起きています。その変化は、銀河の中心から届いたエネルギー・スペクトラを、人がエネルギーボディで吸収することで起きていますが、この中には、人類進化のために有益な情報がたくさん含まれています。

ですが、その一方で、人体がエネルギーを吸収する副作用として、身体に病気症状のようなものが現れてくることが分かりました。

私は、エネルギー・スペクトラの吸収によって起きるこの病気症状のことを、「アセンション障害」と呼んでいます。それは、たとえば身体がだるくて動けないとか、熱っぽくてだるいというような症状で現れてくるものです。近頃では、私のエネルギーワークを受けに来てくれているクライアントの中にも、〝薬を飲んでも一向に病気が治らない〟と、アセンション障害の可能性について訴える人が増えてきています。

みなさんが、自力でアセンション障害を克服していくためには、まずは夜によく眠ることが外部から受け取ったエネルギーの処理には効果的です。もし、この数年間で睡眠時間が急増したという人がいれば、それは身体にとって害のあることではありませんから、特に心配する必要はありません。

また、人体ですでにアセンション障害が起きている場合には、たとえ病院で治療を受けたとしても、それを元通りに完治させることはできません。ですから、みなさんの中に「これはアセンション障害に違いない」という認識があれば、あなたが自分のメインガイドから直接的に治療を行ってもらうといいでしょう。その際には、メインガイドとコンタクトを取って、自分の身体に対するエネルギーサポートを要請していきます。たとえば、あなたが身体のどこかにムズムズと疼いている部分があれば、ETに「この場所に治療が必要です」と伝えてみるといいでしょう。

現在、地球で起きているアセンションの特徴としては、人体に「クンダリーニ・アクティベーション」が起きているということがあります。クンダリーニとは、みなさんの体内にある根源エネルギーのことを指していますが、その形状は、尾てい骨のあたりから蛇のようにグルグルととぐろを巻いて、頭の上方にまでらせん状に上昇していくイメージになります。

三次元に住んでいる人の場合、通常ではクンダリーニがまだ眠っている状態にあります。また、クンダリーニ・アクティベーションといえば、かつてはヨーガの修行者たちが生涯をかけて目指していくようなものでした。

それが、現在では外部からのエネルギー・スペクトラの影響を受けて、身体で勝手にスイッチが入ったようにクンダリーニ活性を体験している人が増えてきています。

この影響力を受けて、人の意識はさらに高い宇宙とつながるようになり、そのために地球人類は様々な潜在能力の目覚めを体験しています。それ自体は、もちろん大変素晴らしいことですが、逆にエネルギー負荷がありすぎて人の身体が耐えられないという問題の方が深刻になっています。今後、あなたが自分自身で高次元宇宙とつながってエネルギー処理を行わなければ、いずれは重い病気や身体障害などの問題が起きてくる危険性があります。

そこで、空間クリアリング瞑想などのエネルギーワークが、人体のエネルギー処理のためには有効なメンテナンス方法になります。私は、自分の頭上から血の塊のようなものが出てきたことがあるとすでにお伝えしましたが、人の頭頂部にあるクラウンチャクラとは、このように全身の悪いエネルギーが外に出てきやすい場所になります。

クリアリングの浄化作用を行うことによって、みなさんもきっと、私と似たような体験をしていくでしょう。ですが、その時には怖がらずに、新しいエネルギーによる身体の変化を楽しんでください。

瞬間カルマの解消

人類が地球でアセンションを体験していくために重要なテーマのひとつが、みなさんが背負っているカルマをいかに上手く解消していくかということです。

カルマとは、元々はある人が生まれてから死ぬまでの一生の間に完了させておくようなものでしたが、闇の権力者によるコントロールなどの影響により、自分のカルマを子や孫に渡して、さらにその下のひ孫からひひ孫の代にまでも受け継いでいくようなサイクルが当たり前になってしまいました。

現在では、そのカルマが何千年分も蓄積されてしまい、一つの巨大なネガティブエネルギーの塊のようになっています。それはたとえあなたが山に籠って修行したとしても、一生かけても解放しきれないほどの量になります。

そこで、宇宙にいるメインガイドは、あなたのカルマ解消についても様々な方法でサポートしてくれています。そのようなＥＴの動きの中で、特に私が着目している行動は、彼らがその場で生まれた「瞬間カルマ」の処理を後回しにはせずに、数日からひと月ほどの短い期間で素早く解決しようとしていることです。

ジョン・レノンのアルバムに「インスタント・カーマ」というタイトルの曲がありました。この曲の歌詞には、これまでに色々とスピリチュアル的な解釈もなされてきましたが、ただシンプルに読んでみると、〝人はいつも瞬間的なカルマに捉われている。だからそれを手放して、今この瞬間を輝いて生きていこう〟というような意味になります。ジョンが伝えてくれたこの〝瞬間を輝いて生きる〟というアイデアは、ＥＴが行っているカルマ解消のワークと深く関わっています。私自身も、かねてよりＥＴの手を借りてこのワークを実践してきましたが、２０１２年以降になると、驚くほどのスピードで高次元からカルマ解消のためのサポートが入るようになりました。

みなさんが、できるだけスムーズに瞬間カルマを解消していくためのコツは、やはりＥＴたちに「カルマ解消のために私をサポートしてください」と依頼することになります。

ETによるサポートというのは、例えるなら、海の上にプカプカと浮かんでいるヨットのようなイメージです。ETが加えるパワーが、ヨットにどんな影響を与えているかというのは人の目には見えませんが、実際にその力が加わると、エンジンを全開にしたようにググッと前方に進んで行くことができます。

また、みなさんのヨットにエンジンがかかると、あとは自分の手による舵取りが必要になります。あなたが人生で思い通りの方向へ進んで行くためには、事前に行きたい方向を見定めて、コントロールしていこうとする意思力が肝心となるでしょう。

つまり、あなたがどんな時にも宇宙の力に頼ろうとするのではなくて、時には自分の判断力でバランスを取っていくことが、セルフマスタリーで上手く人生を乗り越えていくための秘訣になるのです。

この本では、様々なテクニックをお伝えしてきましたが、あなたが初めから「自分には実践できない」と決めつけてしまえば、そこには大きな壁が立ちはだかってしまいます。ですが、あなたが思い切ってこの「不可能」という思い込みを乗り越えることができれば、その後にはＥＴの力を借りて、アセンションに向けて人生のコマを一気に進めていくができるようになるのです。

それでは、この章の最後のテーマとして、人類がアセンションを体験していくために欠かせない〝今この瞬間にフォーカスすること〟についてお伝えしましょう。

今この瞬間にフォーカスする

みなさんが三次元の世界を生きていると、仕事やパートナーシップの問題、人間関係のいざこざなど、様々なトラブルを体験することになります。《ホログラム・マインド》では、あなたが周囲から影響を受けないようにエネルギーフィールドを自己管理し、セルフマスタリーでいることが問題解決になるとお伝えしてきました。

ですが、あなたが真のセルフマスタリーを追求していくならば、エネルギーフィールドを管理することに加えて、〝過去や未来には捉われずに、今この瞬間にフォーカスする〟という意識状態を保つことが必要になります。

ですが、あなたが今という瞬間にフォーカスしていくことは、この三次元に生きている限り、どうしても難しいチャレンジになるでしょう。なぜなら三次元の世界では、みなさんが当たり前に日常を過ごしているだけでも、仕事上のトラブルや病気などの不安が起きてくるからです。

ただし、あなたがどんな問題に巻き込まれようとも、宇宙からはいつでもサポートの手が差し伸べられています。そこであなたにできることは、常に宇宙の力を信頼して、自分が契約した魂のミッション通りの人生を生きていくことになります。

ここで参考としてみなさんに覚えていただきたいのは、あなたが抱えている問題に対して、メインガイドが解決に向けてのサポートを与えるタイミングには、「ライトタイム」という時間設定があるということです。つまり、あなた自身が、宇宙によって決められたライトタイムに合わせて問題解決を図ることができれば、普段よりもスムーズに物事を進展させていくことになります。

一方で、あなたが未来に対して不安を持っていて、ライトタイムの訪れを待たずに先走って行動してしまえば、時にはメインガイドが与えてくれている大事なサインすら見過ごしてしまうことになります。ですから、ライトタイムという契機を逃さないためにも、あなたが今この瞬間にフォーカスしていて、宇宙からサポートが来るまでじっと待ち続けている忍耐力が必要なのです。

そして、晴れて宇宙からゴーサインが出た時には、これまでには難しくて解決できないと思っていたトラブルでさえ、不思議なほどスムーズに解消していきます。イメージとしては、ＴＶゲームの『テトリス』で、積み重なったブロックが天井に届くかどうかのタイミングで、ぴたりと当てはまるブロックが上から落ちてくるような感じです。ギリギリだからこそ、問題解決した時に「待っていた甲斐があった」と感じることができます。

また、セルフマスタリーについて、多くの人が思い違いしているのが、三次元でそれさえ実践していれば、トラブルは何も起きなくなるだろうということです。残念ながら、トラブルと無縁の生活を送ることは、あなたがこの地球に住んでいる限りは難しいでしょう。ですが、ここで大事なのは、世界からトラブルを無くしていこうとすることではなく、あなたがトラブルを体験した時に宇宙とつながりを持って問題解決していけるかどうかになります。

そこで、次のページではセルフマスタリーの総仕上げとなる「十二次元シールド」のエクササイズについてみなさんにご紹介していきます。十二次元シールドとは、「プラチナレイ」という光をコントロールし、地球の中心から銀河のエネルギーにまでつながっていけるパワフルなトレーニングになります。

また、この方法に加えて、あなたが日頃から意識を使ったエクササイズを実践していけば、人生がこれまで以上に魂のミッションに沿った豊かなものに変化していくでしょう。

これで、私からのセルフマスタリーについての説明は以上になりますが、私は日本に来て人類のアセンション・プログラムをサポートしているスターシードの一員として、これからもみなさんにとって有益な情報をどんどんシェアしていくつもりです。今回は、きっと偶然にこの本を手に取ってくれたあなたが、ここから新しい気付きを得てくれたことに期待して感謝しています。みなさんのこれからの人生では、三次元的な思考をはるかに超越した《ホログラム・マインド》を使いこなして、より宇宙的なライフスタイルにチャレンジしていきましょう。

エクササイズ3——十二次元シールド

今からみなさんにお伝えする「十二次元シールド」のテクニックを考案したのは、私と同じくアセンションワーカーで、アメリカに住んでいるリサ・レネイという女性になります。彼女は、前の章でもすでにお話した通り、これまでに日本のメディアでは紹介されたことがありませんでしたが、私がある講演会のビデオを見たことがきっかけで、彼女に興味を持つようなりました。

リサは、男性著名人が多いこの業界では珍しい女性という立場であり、その発信している情報も内容が確かなものですから、業界内では注目を集めている存在になります。ですが、リサ自身が有名になることを望んでいないために、これまでに雑誌などのメディアには登場したことがなく、一般人にはほとんど知られていません。

以前に、私の方から初めてリサにコンタクトを取った際には、彼女はメールの文章から私が持っている波動を読み取って「あなたになら会ってもいいですよ」と、私との面会をすんなりオーケーしてくれました。その時に、私の従兄弟がアメリカで亡くなったため、葬儀に参列するためにロサンゼルスへ行った私は、その帰りにたまたま従兄弟の家の近くにあったリサの自宅に立ち寄ることができました。今考えてみれば、私はETの力によって彼女と引き合わされていたのです。

リサの家では、これまでお互いに収集してきた高次元情報について、色々な情報交換をすることができました。さらに翌年には、彼女が私のコミュニティに参加してくれるようになり、そのコミュニティの中では、私も彼女から自分に必要な知識やテクニックを学ぶことができました。

そのような交流を続けていく中で、ある日、リサが「日本でアセンションについて広めて行きたいのなら、このテクニックを使ってみるといいわ」と、私にある情報のシェアを許可してくれました。それが、これからみなさんに紹介する「十二次元シールド」という高次元アクセスのためのテクニックになります。

このテクニックの中では、クリアリングと同様に、ある文章を読みながらワークを行っていきます。なぜ、どちらのテクニックにも「言葉」を使うのかといえば、言葉には「言霊」というパワーが宿っているため、人が四次元よりも上の次元の世界へつながりやすくなるためです。

この十二次元シールドの文章は、ただ目で追って読んでいくだけでも大丈夫ですが、私の場合には、自分の意識をより集中させるためにも、文章を録音した音声ガイダンスを使用しています。それでは、みなさんも一緒に試していきましょう。

十二次元シールドのエクササイズ

私は、宇宙のために奉仕することを宣言します。
自分の最高のパワーに充分に奉仕すると約束します。
私は宇宙そのもの。
私は自分の主体者。
私は全てから自由。

さあ、瞑想の準備をしましょう。

あなたと宇宙のつながりを感じてください。


プラチナの六芒星《ろくぼうせい》が、あなたの脳の中心にあるのを想像しましょう。

その六芒星を自分の意識を使って身体の中心に下ろしていきます。

六芒星があなたの身体の各チャクラを通過していき、両足の間から解放されていくのをイメージしましょう。

あなたの六芒星を、地球の中心にある巨大な六芒星の「アーススター」に送ります。

その星がアーススターとつながる時に、無条件の愛と宇宙全体のワンネスを感じましょう。

（なお、六芒星の変わりにシルバーの火花のイメージを使うとよりシンプルに想像することができます）


あなたは、十二次元のプラチナレイとつながっていきます。

その光が下から通り抜けて、全身にエネルギーが上昇していくのを感じましょう。

あなたがプラチナエネルギーとつながって満たされた時に、六芒星がようやく自分の元に戻ってきます。

今度はその六芒星を足の下20センチのところで止めましょう。

あなたが自分の六芒星に集中していると、今度はそれがゆっくりと回転しはじめます。

六芒星が反時計回りに回転しながら加速し、銀色に輝くプラチナの土台が出来上がります。

これが、あなたの「十二次元シールド」です。

この十二次元シールドの光が強くなるにつれて、プラチナレイがあなたの周囲に光の柱を作りながら上昇し始めます。

その光の柱が、あなたの頭上1メートルのところに到達するまで上昇させていきましょう。

あなたの全身が十二次元の光に包まれていきます。

自分の全身の細胞から淡いプラチナレイが放たれているのを感じましょう。

六芒星が頭上1メートルのところに到達すると、それは再び回転を始めます。

六芒星が光の柱の頂上に新たなシールドを張っていきます。

頭上からつま先まで、あなたの全身が十二次元のプラチナシールドに包まれているのを感じましょう。

あなたが頭上にある六芒星に意識を集中させることにより、十二次元シールドを多次元的にグラウンディングさせていくことができます。

そして、最後に天の川銀河の中核（もしくはアンドロメダ銀河の中核）に向けて自分の六芒星を発信していきます。シールドの天井からシルバーコードを飛ばして、六芒星が高速で地球から離れ、宇宙空間へ飛んでいくのをイメージしましょう。

あなたは銀河の中核とのつながりを意識しながら、ガイドたちがそのまま目的地まで届けてくれるサポートに身を委ねます。

自分が光の柱に守られているのを感じながら次の言葉を唱えていきます。

ありがとう、宇宙の根源。
ありがとう、アセンションガイドたち。
私はユニティ。
私はワンネスそのもの。
私は愛によって作られた存在です。

十二次元シールド

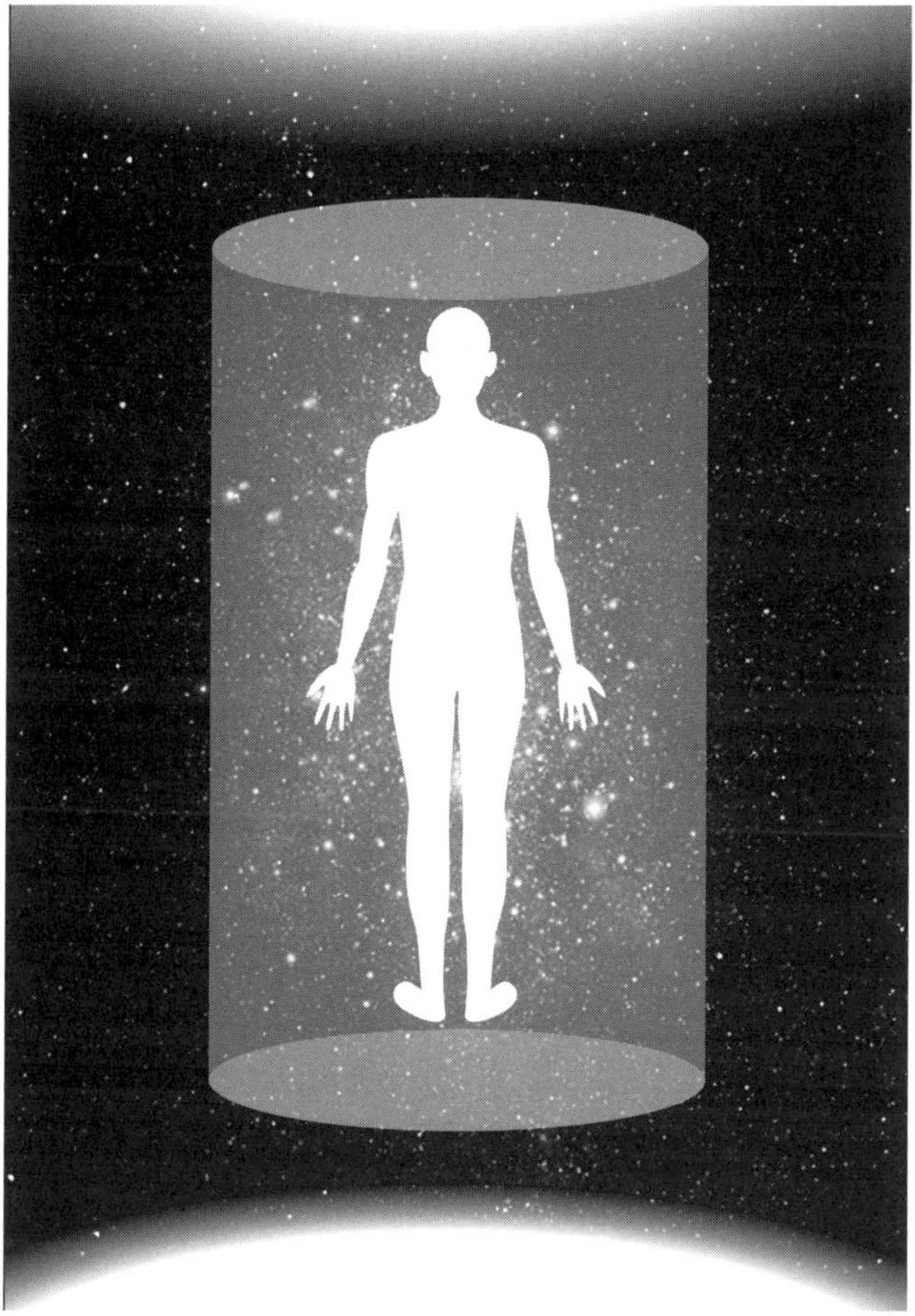

身体の周囲に十二次元シールドを張ると、宇宙とのつながりを強めて内なるパワーを最大限に引き出すことができる。

この文章に出てくる「六芒星」とは、正三角形を逆向きに融合させたソロモン王のシンボルの星のことです。さらに、それを立体的にしたものを、「マカバスター」といいます。

このエクササイズの中では、まずはあなたの頭の中心に六芒星があるのをイメージしていきます。それを身体の中心にあるエネルギーラインに沿って、どんどん下の方に下ろしていきます。そして、その六芒星が自分の両足の間を通過して、次にはあなたがそれを地球の中心に向けて飛ばしていくようなイメージをします。この時に、地球の中央に巨大な六芒星の「アース

エクササイズの中で頭にイメージする六芒星。地球の中心にも同じ形の六芒星が存在する。

スター」があるのをイメージして、あなた自身も地球のエネルギーとつながりを持ちながら、お互いの意識を融合させていくという作業を行っていきます。

そして、次は六芒星を足下20センチのところまで上昇させていき、第13チャクラと呼ばれている場所に円形のプラチナの土台をイメージします。その場所から、今度はプラチナレイと呼ばれる光を筒状に上昇させていきます。さらに頭上1メートルのところに再び同じ円形の土台をイメージすれば、これでみなさんの十二次元シールドが完成となります。

そして最後に、あなた自身が自分の意識をグラウンディングさせていきましょう。地球に対する愛や感謝をハートの中で感じながら、エネルギー領域を広く拡大してこのワークを終了します。

十二次元シールドのエクササイズは、あなたが自分ひとりで行うことができる内容です。これは、地球の中心からスタートしていき、最後には銀河のエネルギーとのつながりを体感できる壮大なワークになります。また、このエクササイズには、あなたのオーラを強めて丈夫にさせるはたらきもあります。私自身も、これまでに様々な意識トレーニングを実践してきましたが、十二次元シールドほど効果的なワークというのはかつて体験したことがありません。

従来のアセンションワークといえば、マインドの状態をクリアにして意識的な悟りを開いていくものというのが一般的でした。ですが、私の思う宇宙的なアセンションワークというのは、人の意識だけではなくて、エネルギーボディまで含めた全身のエネルギーをフル稼働させていくようなイメージで行っていくものになります。その感覚を、あえて言葉で表現すれば、〝自分の肉体を超えて、人間の範囲を拡大していくような感覚〟といえるでしょう。

このエクササイズでは、プラチナレイの光を使って、あなたの頭上から足下の空間までをすっぽりと包み込んでいきます。それが意味していることは、「私」という人間存在そのものが、実はその肉体をはるかに超越した巨大エネルギーを持っている存在なのだということです。また、そのエネルギーが三次元に住む人の目には見えないものであっても、人は本来それほど大きなエネルギーを動かしていけるほど力強い存在なのです。

このエネルギーの仕組みについては、今はまだ多くの人が気付いていませんが、今後は地球に暮らしているスターシードが中心となって、人々に気づきを与えていく動きが出てくるでしょう。そうすれば、地球人類の未来も現在よりはるかに明るく輝きを持ったものへとシフトしていくことになります。

プロフィール

グレゴリー・サリバン

アセンション・ガイド、ETコンタクト・ガイド、著者、音響エンジニア、音楽プロデューサー

1977年、ニューヨーク生まれ、2003年から日本に在住。2007年にアメリカの隠された聖地アダムス山で、宇宙とのコンタクト・スイッチが起動された体験を持つ。2010年にJCETI（日本地球外知的生命体センター）を設立。日本のこれまでの「宇宙人」や「UFO」といった概念を書き換え、全く新しい宇宙観を根付かせる活動を展開。日本各地で世界共通のETコンタクト法「CE-5」を500回以上行っており、約5000名の方が実際にETコンタクトを体験している。一人ひとりが高次元意識とつながれば、地球でも宇宙的ライフスタイルが実現できると伝えている。また、いち早くオンラインシステムを取り入れ、「ET SPIアセンションコミュニティ」では世界中の皆さんが深い交流をおこなっている。

著書

「だいじょうぶ！」中野宗次郎との共著（ナチュラルスピリット刊）
「あなたもETとコンタクトできる！」（ヒカルランド刊）
「あなたの前に宇宙人が現れます！」田村珠芳との共著（ヒカルランド刊）
「引き裂かれた《いのちのスピリット》たちよ！ unityの世界に戻って超えていけ この惑星の重大局面を乗り切るチカラ」増川いづみ、リンダ・タッカー他との共著（ヒカルランド刊）
Paths To Contact:
True Stories from the Contact Underground（参加）

「ホログラムマインドII 宇宙人として生きる」（小社刊）

企画
映画「シリウス」
映画「コンタクトハズビガン」
映画「非認可の世界」
映画「第5週接近遭遇」
宇宙大使シリーズ VOL.1～3

参考文献・資料

ブログ「Energetic Synthesis」(リサ・レネイ)
「ラー文書」ドン・エルキンズ他(ナチュラルスピリット刊)
「知覚の扉」オルダス・ハクスリー(平凡社刊)
「ディスクロージャー」スティーブン・M・グリア(ナチュラルスピリット刊)
「究極の魂の旅 ―スピリットへの目覚め―」ジェームズ・ギリランド(ナチュラルスピリット刊)
「エデンの神々―陰謀論を超えた、神話・歴史のダークサイド」ウィリアム・ブラムリー(明窓出版刊)
「執着のコードを切る12ステップ」ローズ・ローズトゥリー(ヴォイス刊)
「エンパシー 共感力のスイッチをオン／オフしよう」ローズ・ローズトゥリー(ヴォイス刊)

ホログラム・マインド I
宇宙意識で生きる
地球人のための
スピリチュアルガイド

2016年8月10日　第1刷発行
2020年7月10日　第2刷発行
2021年9月17日　第3刷発行

著者　グレゴリー・サリバン

取材・文　下田美保
表紙写真　nick.mealey
デザイン　後藤祥子
DTP　北田彩

発行人　吉良さおり
発行所　キラジェンヌ株式会社
東京都渋谷区笹塚3-19-2青田ビル2F
TEL：03-5371-0041　FAX：03-5371-0051

印刷・製本　モリモト印刷株式会社

Printed in Japan
ISBN978-4-906913-56-5